Carolin Bohn | Doris Fuchs | Antonius Kerkhoff
Christian J. Müller (Hrsg.)

Gegenwart und Zukunft sozial-ökologischer Transformation

Die Deutsche Nationalbibliothek verzeichnet diese Publikation in der Deutschen Nationalbibliografie; detaillierte bibliografische Daten sind im Internet über http://dnb.d-nb.de abrufbar.

ISBN 978-3-8487-5835-7 (Print)
ISBN 978-3-8452-9969-3 (ePDF)

1. Auflage 2019
© Nomos Verlagsgesellschaft, Baden-Baden 2019. Gedruckt in Deutschland. Alle Rechte, auch die des Nachdrucks von Auszügen, der fotomechanischen Wiedergabe und der Übersetzung, vorbehalten. Gedruckt auf alterungsbeständigem Papier.

Inhalt

Inhalt

(Wie) Kann eine Transformation zur Nachhaltigkeit gelingen?

Carolin Bohn, Doris Fuchs, Antonius Kerkhoff und Christian Müller[1]

„Große Transformation", „sozial-ökologische Transformation", „Transformation zur Nachhaltigkeit" – nicht zuletzt aufgrund ihrer Medienpräsenz sind viele von uns mit diesen Begriffen inzwischen vertraut. In (un)schöner Regelmäßigkeit wird uns heute durch öffentlichkeitswirksame Modelle wie die planetaren Leitplanken oder den im Kalender immer weiter vorrückenden Earth Overshoot Day[2] vor Augen geführt, dass insbesondere die Gesellschaften des globalen Nordes die Tragfähigkeit der Biosysteme zu Lasten von Mensch und Natur weit überbeanspruchen und unser heutiger Lebensstil nur „Auf Kosten Anderer" (I.L.A. Kollektiv 2017) möglich ist.[3] Um allen heute und zukünftig lebenden Generationen die Chance auf ein gutes Leben zu bieten, so die resultierende Forderung, müsse die eingangs erwähnte Transformation daher innerhalb kürzester Zeit umfassend verwirklicht werden.

Tatsächlich leben wir heute in einer Zeit, in der der Mensch (*anthropos*) – und nicht länger die Natur – tiefgreifenden Einfluss auf die Funktionsweise der Biosysteme ausübt und somit zur prägenden Kraft einer nach ihm benannten neuen geologischen Epoche geworden ist: dem Anthropo-

---

1 Wir danken Anila Fischer, die durch ihre überaus geduldige und sorgfältige Bearbeitung des Manuskripts maßgeblich zur Realisierung dieses Bandes beigetragen hat.

2 Der Earth Overshoot Day zeigt an, an welchem Tag des Jahres die Menschheit so viele ökologische Ressourcen und Dienstleistungen verbraucht hat, wie die Erde in einem Jahr regenerieren kann. Er wird mit Rückgriff auf die Biokapazität der Erde und den ökologischen Fußabdruck der Menschheit errechnet (Global Footprint Network 2019). Der Earth Overshoot Day wird aus unterschiedlichen Gründen kritisiert, u.a. weil der ökologische Fußabdruck den oft geringen Einfluss von Individuen auf ihren Ressourcenverbrauch (bspw. durch vorhandene oder fehlende Infrastrukturen) verschleiert (Middlemiss 2010). Er muss daher kritisch eingeordnet werden, illustriert aber nichtsdestotrotz anschaulich das Maß der Überbeanspruchung der Umwelt als Quelle und Senke.

3 Siehe auch Brand und Wissen (2017) zur imperialen Lebensweise oder Lessenich (2016) zur Externalisierungsgesellschaft.

zän (Lidskog und Waterton 2011, S. 25ff).[4] Das Anthropozän ist damit die Epoche, in der „die Einwirkungen menschlicher Aktivitäten auf die Umwelt eine mit natürlichen Einflüssen vergleichbare Dimension entwickelt haben" (WBGU 2011, S. 66). Die Art und Weise, auf die „der" Mensch dabei Einfluss auf die Umwelt nimmt, schlägt sich in vielerlei zutiefst schädlichen Entwicklungen nieder: Der Ausstoß von Treibhausgasen steigt u.a. aufgrund der Nachfrage nach fossilen Energieträgern und der Rodung von Wäldern und der Klimawandel schreitet voran. Darüber hinaus versauern die Weltmeere, natürliche Ökosysteme werden zerstört und biologische Vielfalt geht verloren, es gibt weniger fruchtbare Landflächen und gleichzeitig zunehmende Probleme mit Blick auf Wassermangel und Wasserverschmutzung (WBGU Factsheet 3/2011). Diese vom WBGU als „Megatrends" (ebd.) bezeichneten Entwicklungen führen dazu, dass einige der o.g. planetaren Leitplanken bereits überschritten sind. Bei anderen steht eine baldige Überschreitung bevor, sollte eine Umkehrung oder Verlangsamung entsprechender Trends nicht gelingen (WBGU 2011, S. 66). Dies ist insofern problematisch, als dass eine Überschreitung der Leitplanken gleichbedeutend mit dem Verlassen der sog. „safe operating spaces" (Rockström et al. 2009) ist und somit mit einer Gefährdung von „Ressourcen der Leistungen des Erdsystems [...], die für die Menschheit von großer Bedeutung sind" (WBGU 2011, S. 66). Die konkreten Konsequenzen dieser Entwicklungen, so verdeutlichen Bernd Sommer und Harald Welzer, sind vielfältig: „Erhöhte Ressourcenkonkurrenz gehört dazu, ebenso geopolitische Machtverschiebungen, Extremwetterereignisse oder steigende Nahrungs- und Energiepreise" (Sommer und Welzer 2014, S. 13).

Der eingangs erwähnte Earth Overshoot Day lenkt in diesem Zusammenhang unseren Blick darauf, dass vor dem Hintergrund tiefgreifender globaler Ungleichheit Menschen an unterschiedlichen Orten in ganz unterschiedlichem Maße zur Überbeanspruchung der Umwelt als Quelle und Senke beitragen, da er – als sog. „Country Overshoot Day" – auch für einzelne Länder berechnet wird. Die Berechnung der Country Overshoot Days zeigt auf, dass im Jahr 2018 bereits am 9. Februar alle regenerierbaren Ressourcen der Erde aufgebraucht gewesen wären, wenn die Weltbevölkerung so leben würde wie die Bevölkerung von Katar, jedoch erst am

---

4 Lidskog und Waterton weisen in diesem Zusammenhang darauf hin, dass es keineswegs *der* Mensch ist, dessen Verhalten ursächlich für die aktuelle Umweltsituation ist. Vielmehr sei dies nur einer kleinen Gruppe von Menschen zuzuschreiben, während Menschen, die u.a. an anderen Orten und zu anderen Zeiten leben, die Konsequenzen dieses Verhaltens werden tragen müssen (Lidskog und Waterton 2011, S. 36).

21. Dezember, wenn sie so leben würde wie die Bevölkerung in Vietnam (der deutsche Country Overshoot Day fiel 2018 auf den 2. Mai) (Homepage overshootday.org). Gleichzeitig tragen die ungleiche Betroffenheit durch die Folgen von Umweltproblemen ebenso wie negative Auswirkungen der dominanten Produktions- und Konsumweisen dazu bei, dass die weltweite soziale Ungleichheit wächst und Menschen je nach Herkunft, Geschlecht, Schichtzugehörigkeit und weiteren Merkmalen deutlich eingeschränkte Chancen auf ein gutes Leben haben.

Paradoxerweise aber zeigt sich auch in den privilegierten Gesellschaften des Globalen Nordens, dass unser aktueller Lebensstil keineswegs unweigerlich immer glücklicher macht: Wissenschaftliche Erkenntnisse belegen, dass ab einem bestimmten Wohlstandsniveau die Lebensqualität nicht mehr steigt und zum Teil sogar durch Begleiterscheinungen kompensiert wird (Kleinhückelkotten 2005, S. 58) – „Konsumstress, Freizeitstress, Burnout, Fettleibigkeit sind einschlägige Stichworte" (Sommer und Welzer 2014, S. 21). Um die hier aufgezählten Krisenphänomene zu bekämpfen, d.h. um die natürlichen Lebensgrundlagen der Menschheit zu bewahren (insofern dies noch möglich ist), die Klimaerwärmung zu stoppen und Menschen zeit- und raumübergreifend die Chance auf ein gutes Leben zu gewähren, wurde in den letzten Jahren der Ruf nach der zu Beginn erwähnten („Großen"/ sozial-ökologischen) Transformation zur Nachhaltigkeit laut. „Es gilt", so fordert der Wissenschaftliche Beirat der Bundesregierung Globale Umweltveränderungen (WBGU), „einen Lebensstil zu finden, der dem Leitbild einer nachhaltigen globalen Entwicklung entspricht. Gleichzeitig muss eine ebenfalls an den Kriterien globaler Nachhaltigkeit ausgerichtete nachholende Entwicklung der ärmeren Länder einschließlich der bislang abgekoppelten ‚bottom billion' ermöglicht werden" (WBGU 2011, S. 66).

Aber wie kann diese Transformation in der uns verbleibenden Zeit umgesetzt werden? Welche Ziele und Visionen, aber auch welche Barrieren gibt es, und welcher Voraussetzungen bedarf es um diese zu überkommen? Dieser Frage widmet sich dieser Sammelband mit seinen Beiträgen, die aus einer interdisziplinären Fachtagung „Transformation zur Nachhaltigkeit. Hindernisse – Wege – Strategien", die im Oktober 2018 gemeinsam vom Zentrum für Interdisziplinäre Nachhaltigkeitsforschung der Westfälischen Wilhelms-Universität Münster und der katholisch-sozialen Akademie Franz Hitze Haus durchgeführt wurde, entstanden.[5] Er fokussiert dabei die

---

5 Zur Rolle kirchlicher Akteure in der Nachhaltigkeits- und Transformationsdebatte vgl. im Detail Abschnitt 8 in diesem Kapitel.

für eine Nachhaltigkeitstransformation zentralen Aspekte und Rahmenbedingungen des Konsums, der Partizipation, der Wissenschaft und der Zeit, jeweils mit einem Hauptbeitrag und ein bis zwei Koreflexionen. Dabei verfolgen und hinterfragen die Beiträge auch in unterschiedlicher Weise die Annahme, dass bisherige politische, gesellschaftliche und wissenschaftliche Bestrebungen einer Förderung der Nachhaltigkeit nicht ausreichen.

1. Transition statt Transformation?

Die Hindernisse, die einer erfolgreichen Transformation zur Nachhaltigkeit aktuell im Wege stehen, sind vielfältig: Vor dem Hintergrund von Kooperationsproblemen auf der internationalen Ebene, von asymmetrischen Entscheidungsprozessen auf internationaler und nationaler Ebene, dem Versagen nationaler Regierungen und internationaler Organisationen und Übereinkommen bei der Verfolgung einer effektiven Klimapolitik scheint die Hoffnung auf eine internationale politische Lösung bzw. politische Akteure und einen „grünen Staat" trügerisch (WBGU 2011, S. 68; Fuchs et al. forthcoming). Gleichzeitig führt auch nachhaltigkeitsorientierte zivilgesellschaftliche Partizipation häufig nicht zu der angestrebten Transformation eigennütziger hin zu gemeinwohlorientierten Interessen, während Partizipation und Graswurzelbewegungen oft nur in begrenztem Maße sowie auf niedriger Ebene Veränderungen umsetzen können und wollen. Auch eine Hoffnung auf Veränderung durch „grünen" oder „politischen Konsum" wird in der Regel enttäuscht werden. Konsument*innen kaufen nur unter bestimmten Bedingungen „grüner" und werden allgemein meist zu einem Mehr an Konsum aufgefordert – und selbst wenn in dieser Hinsicht Veränderungen erreicht werden könnten, muss kritisch hinterfragt werden, wieviel strukturelle Veränderung auch eine Aggregation „nachhaltiger" Einzelhandlungen tatsächlich bewirken kann (ebd.). Weitere Barrieren für einen transformativen Wandel liegen der aktuellen kritischen Nachhaltigkeitsforschung zufolge in der fortbestehenden Dominanz bestimmter Paradigmen u.a. mit Blick auf die Rolle und Bewertung von (Wirtschafts-)Wachstum sowie einem überbordenden Optimismus im Hinblick auf technologische Lösungen, z.B. im Kontext der Dekarbonisierung (Kalfagianni et al. forthcoming). Zieht man nun auch noch in Betracht, dass viele Grundsteine einer Transformation zur Nachhaltigkeit bereits in wenigen Jahren gelegt sein müssen, um die erhoffte Wirkung zu entfalten, so scheint Anlass zum Pessimismus mit Blick auf die Chancen ihrer Verwirklichung gegeben zu sein.

Nichtsdestotrotz gibt es bereits seit vielen Jahrzehnten Anstrengungen verschiedenster Art, um eine Transformation zur Nachhaltigkeit umzusetzen, die jedoch in vielerlei Hinsicht als eine „(Nachhaltigkeits-)Politik der kleinen Schritte" bezeichnet werden können und müssen und bisher nicht zur Bekämpfung zentraler Nachhaltigkeitsprobleme geführt haben: Zwar ist der eingangs geschilderte Übergang vom Holozän in das Anthropozän maßgeblich auf ein exponentielles Wachstum menschlicher Aktivitäten und menschlicher Eingriffe in die Umwelt zurückzuführen, das einhergeht mit der Prägung des Wirtschaftssystems und anderer gesellschaftlicher Teilbereiche durch ein weitverbreitetes und tief verankertes Wachstumsparadigma. Trotzdem sind viele bisherige Strategien zur Umsetzung von Nachhaltigkeit gekennzeichnet durch den Versuch, Nachhaltigkeit in Einklang zu bringen mit (einer veränderten Form von) Wachstum. So steht bspw. im Mittelpunkt der Idee einer „Green Economy" der Versuch, durch eine Entkopplung von Wirtschaftswachstum und Naturverbrauch umweltfreundliches (sog. „grünes") Wachstum zu ermöglichen, bspw. durch effizientere Produktionsweisen und entsprechende innovative Technologien. Gleichzeitig sollen Konsument*innen durch verhaltensbasierte Steuerung, das sog. „Nudging", sanft und subtil in Richtung nachhaltiger Produkte „gestupst" werden, da die Politik davor zurückschreckt bestimmte Produkte oder Verhaltensweisen zu verbieten oder mit Steuern zu belegen. Im Unternehmensbereich wird korrespondierend auf „weiche" Maßnahmen wie bspw. freiwillige Verpflichtungen gesetzt.

Tatsächlich jedoch gibt es keine empirischen Belege dafür, dass die in Aussicht gestellte Entkopplung von Wirtschaftswachstum und Naturverbrauch gelingen kann: Der Umsetzung entsprechender Strategien zum Trotz misslingt eine Verringerung des Energie- und Rohstoffkonsums sowie der Müll- und Emissionsproduktion seit Jahrzehnten (Sommer und Welzer 2014, S. 22). Der bekannte Postwachstums-Theoretiker Tim Jackson schlussfolgert vor diesem Hintergrund, es gäbe „bislang kein überzeugendes Szenario [...], das für eine Welt mit neun Milliarden Bewohnern stetig wachsende Einkommen mit sozialer Gerechtigkeit und ökologischer Nachhaltigkeit verbindet" (Jackson 2013, S. 76). Das Festhalten an der Idee eines „grünen" Wachstums ist vor diesem Hintergrund nur damit zu erklären, dass sie besonders reizvoll wird, indem sie verspricht, Nachhaltigkeit sei ohne eine Hinterfragung der grundlegenden Strukturen und Produktionsweisen und Konsummuster möglich und somit ohne unliebsame Einsparungen – ein Versprechen, dem nicht nur große Unternehmen, sondern auch Politik und Verbraucher*innen gern Gehör schenken möchten. Allgemein lässt sich beobachten, dass bei der Umsetzung von Nachhaltigkeit aktuell häufig vor tiefgreifenden strukturellen Veränderungen und vor

„entschiedenen" Maßnahmen (Verbote, Verpflichtungen, Sanktionen) zurückgeschreckt wird. Die weithin dominanten Effizienzstrategien, die den pro Produkt oder Dienstleistung benötigten Rohstoff- oder Energieeinsatz verringern sollen, erfordern scheinbar nur eine Veränderung des Produktions- und Konsumverhaltens statt einer Einschränkung. Tatsächlich aber wird ihr Erfolg u.a. durch Kompensationseffekte, bspw. den sog. ReboundEffekt, mindestens deutlich geschmälert und oft komplett verhindert (Kleinhückelkotten 2005, S. 54f).

Auch wenn die hier beschriebene „(Nachhaltigkeits-)Politik der kleinen Schritte" oft unter dem Oberbegriff der „Großen Transformation" betrieben wird, entspricht sie aus Sicht vieler Wissenschaftler*innen und auch aus unserer Sicht eher einer Transition: Transitions-Diskurse, so erklären Viviana Asara et al. (2015), zeichnen sich dadurch aus, dass sie weder aktuelle Zielsetzungen bspw. mit Blick auf das Thema Wachstum noch die Hegemonie einer neoliberal geprägten Governance hinterfragen. Anstatt sich kritisch mit den strukturellen Ursachen der Nicht-Nachhaltigkeit auseinanderzusetzen, erschöpfen sie sich in einer zurückhaltenden Anpassung einzelner Teilsysteme durch inkrementelle Veränderungen und laufen so Gefahr, die Umsetzung von Nachhaltigkeit letztlich zu erschweren, da sie mit Investitionen in das bestehende System einhergehen, dieses stabilisieren und Alternativideen somit den Raum nehmen (ebd., S. 379).

Wie also müsste und könnte eine tatsächliche *Transformation* zur Nachhaltigkeit aussehen? Über welche Wege und durch welche Strategien könnte sie erreicht werden? Wie können wir Wirtschaft und Gesellschaft schnell genug verändern um die natürlichen Lebensgrundlagen der Menschheit zu sichern?

2. *Transformation statt Transition – Was heißt das?*

Transformative Ansätze gehen, Viviana Asara et al. (ebd.) zufolge, deutlich über eine bloße Anpassung an veränderte Rahmenbedingungen hinaus und erfordern die Veränderung grundlegender Elemente eines Systems (wirtschaftliche Produktionsweisen, politische Institutionen, soziale Normen) auf allen Ebenen (lokal, regional, national, international) und in allen Teilsystemen (Markt, Staat, Zivilgesellschaft) (ebd., S. 379). Vor diesem Hintergrund sowie mit Blick auf die weitreichende Nicht-Nachhaltigkeit unserer aktuellen individuellen und kollektiven Lebensweise muss auch die „Große Transformation" zur Nachhaltigkeit so fundamentale Veränderungen bewirken, dass sie mit Blick auf ihre Eingriffstiefe aus Sicht des WBGU mit den zwei umfassendsten Transformationen in der Geschichte der Menschheit, der Neolithischen und der Industriellen Revolution, vergleichbar ist (WBGU 2011, S. 66). Aufgrund der tief verankerten Nicht-Nachhaltigkeit unseres gegenwärtigen Produktions- und Konsumsystems kommt sie zwar voraussichtlich nicht ohne technologische Innovationen zur Umsetzung von Effizienzstrategien aus, muss aber, um erfolgreich zu sein, deutlich über diese hinausgehen, indem sie u.a. Praktiken in verschiedensten Lebensbereichen (Sommer und Welzer (2014) nennen hier bspw. Mobilität, Ernährung, Zeitnutzung, Besitz und Beziehungsstrukturen (S. 37f)) hinterfragt und verändert. Dabei ist unverzichtbar, dass grade diejenigen Bereitschaft zu tiefgreifenden Veränderungen entwickeln und zu einem deutlichen Absenken des aktuellen Verbrauchs an Ressourcen beitragen, die aktuell andere (und künftige Generationen) durch ihr Verhalten beeinträchtigen (Sommer und Welzer 2014, S. 49).

Wie diese Ausführungen zeigen, stellt die Verwirklichung einer tatsächlichen Transformation zur Nachhaltigkeit uns – im Gegensatz zu einer bloßen Transition – vor die Aufgabe, die Strukturen und Paradigmen, die verschiedenen gesellschaftlichen Teilbereichen und unserem eigenen Alltagsleben zugrunde liegen einer ganzheitlichen kritischen Hinterfragung zu unterziehen um sie dann auf fundamentale und sowohl kollektiv als auch individuell herausfordernde Weise zu verändern. Diese Veränderung muss auf verschiedenen Ebenen und an verschiedenen Orten stattfinden, sie erfordert unterschiedliche Beiträge vieler Akteure sowie zahlreiche Strategien und Instrumente der Veränderung und muss alle gesellschaftlichen Teilbereiche erfassen. Gleichzeitig lassen sich zentrale Aspekte benennen, die zwingend im Fokus von Überlegungen zu einer solchen umfassenden Veränderung stehen müssen.

3. Konsum als Fokus einer Nachhaltigkeitstransformation

Da ist zum einen der Bereich des (Über-)Konsums, nicht in der Form der einzelnen Entscheidungen der individuellen Konsument*innen, sondern in seiner Rolle als wesentlicher Teil von bzw. als Resultat der Einflüsse des politisch-ökonomischen und gesellschaftlichen Systems. Ohne eine Transformation zu einem nachhaltigen Konsum ist nachhaltige Entwicklung schlicht nicht möglich. Der Bereich Konsum ist in ökologischer Hinsicht entscheidend mit Blick auf Probleme wie die Übernutzung von Ressourcen oder die Produktion großer Mengen von Müll und Emissionen, in sozialer Hinsicht u.a. mit Blick auf die Arbeitsbedingungen, die mit dominanten Produktions- und Konsumweisen einhergehen und in ökonomischer Hinsicht mit Blick auf die in ihm manifeste Orientierung am Wachstumsparadigma.

Im ersten Teil dieses Bandes widmet sich *Antonietta Di Giulio* diesem Schwerpunktthema. Bevor sie in ihrem Beitrag explizit auf *nachhaltigen* Konsum eingeht, tritt sie einen Schritt zurück und fragt allgemeiner nach den zentralen Funktionsweisen und insbesondere den Zielen von Konsumhandeln. Konsum, so verdeutlicht sie, ist geprägt von Multidimensionalität und könne daher nur als Ganzes verändert werden. Im Anschluss an eine Erläuterung des Begriffes Nachhaltigkeit und seines Zusammenhangs mit der Idee des guten Lebens definiert die Philosophin nachhaltigen Konsum als Konsumhandeln, das sich positiv auf die Chancen anderer Menschen auf ein gutes Leben auswirkt und in untrennbarem Zusammenhang mit Gerechtigkeitsfragen und den sog. „geschützten Bedürfnissen" steht. Abschließend setzt sie sich mit der Frage auseinander, wie ein so gefasster nachhaltiger Konsum praktisch umgesetzt werden kann. Im Anschluss an Antonietta Di Giulios Beitrag ergänzt *Marianne Heimbach-Steins* im Rahmen ihrer Koreflexion Beobachtungen und Anfragen aus sozialethischer Perspektive. Ihr Fokus liegt dabei auf der Diskussion des Zusammenhangs von gutem Leben/Lebensqualität mit einer durch sie ergänzten Gerechtigkeitsargumentation, da ein Rekurs auf die „Semantik der Gerechtigkeit" aus Sicht der Autorin insbesondere mit Blick auf die politische Umsetzung von Minimal- und Maximalgrenzen des Konsums bereichernd seien könnte. *Christa Liedtke* und *Bernd Draser* hingegen widmen sich in einer zweiten Koreflexion zu Antonietta Di Giulio einer kritischen Reflexion und Standortsuche mit Blick auf die (nicht-)nachhaltige Wirkung ihres eigenen Tuns und Wirkens. Vor diesem Hintergrund setzen sie sich u.a. mit der Rolle von Konsum für den Wohlstand in einer sozialen Marktwirtschaft und für die Verfassheit einer Nation, dem Zusammenhang von nachhaltigem Konsum und sozialem Ausgleich sowie der Kontextabhängigkeit und Nicht-Nachhaltigkeit von Konsum auseinander.

4. Partizipation als Strategie einer Nachhaltigkeitstransformation?

Ein zweiter wesentlicher Aspekt, der im Rahmen von Strategien zur Beförderung der Nachhaltigkeitstransformation immer wieder diskutiert wird, ist der der Partizipation. Partizipation ist nicht nur Kern westlich-liberaler Demokratien, sondern wird auch in zahlreichen internationalen Dokumenten zur Umsetzung von Nachhaltigkeit (s. bspw. SDG 16.7) eingefordert. Insofern ist es nicht überraschend, dass auf lokaler und nationaler Ebene immer wieder partizipative Verfahren erprobt und angewendet werden, wenn es um die Entwicklung von Nachhaltigkeitsstrategien geht. Gleichzeitig zeigen aber Theorie und Praxis, dass Partizipation nicht automatisch zur Nachhaltigkeit beiträgt, bzw. grundsätzlich gelingende Partizipationsverfahren sehr voraussetzungsvoll sind. Insofern muss sich noch zeigen, unter welchen Bedingungen Partizipation tatsächlich nachhaltigkeitsfördernd wirkt (Newig et al. 2011, S. 30).

In dieser Hinsicht argumentieren *Carolin Bohn* und *Doris Fuchs* in ihrem Beitrag zum Schwerpunktthema „Partizipation", dass nachhaltigkeitsorientierte Bürger*innenbeteiligungsformate in liberalen Demokratien vor dem Hintergrund postdemokratischer Krisenphänomene und der grundsätzlichen Komplexität von Partizipation politische Urteilsbildung ermöglichen und fördern sollten. Sie zeigen auf, inwiefern politische Urteilsbildung einen Beitrag zu einer Transformation zur Nachhaltigkeit leisten kann und veranschaulichen Chancen und Bedarfe ihrer praktischen Umsetzung anhand einer Untersuchung nachhaltigkeitsorientierter Beteiligungsverfahren, die im Rahmen staatlich geförderter Forschungsprojekte zur Energiewende in Deutschland stattfanden.

Während die beiden Politikwissenschaftlerinnen ihren Blick somit auf westliche Demokratien richten, widmet sich *Georg Stoll* in einer ergänzenden Koreflexion der zivilgesellschaftlichen Beteiligung in außereuropäischen Kontexten. Er fragt danach, ob und wie zivilgesellschaftliche Akteure aus Afrika, Asien und Lateinamerika nachhaltig ermächtigt und an der hier im Mittelpunkt stehenden Transformation beteiligt werden können und müssen. Im Anschluss an eine Erläuterung der politischen, sozialen und kulturellen Kontextbedingungen zivilgesellschaftlicher Beteiligung in den genannten Regionen zeigt der Autor auf, wie zivilgesellschaftliche Bewegungen und Organisationen durch unterschiedliche Aktivitäten transformatives Potenzial entwickeln können.

5. Wissen und Wissenschaft als Element und Akteur einer Nachhaltigkeitstransformation?

Wenn es um zivilgesellschaftliche Förderung der Nachhaltigkeit, bzw. der Nachhaltigkeits-Governance geht, dann rutscht die Wissenschaft als ein entscheidender Akteur in den Fokus. Sie steht in der Verantwortung, notwendiges Wissen über oftmals äußerst komplexe Nachhaltigkeitsthemen zu generieren und zu vermitteln um somit sowohl auf Risiken und Fehlentwicklungen hinzuweisen, als auch Lösungsvorschläge zu entwickeln. Allerdings steht die Wissenschaft selbst vor großen Nachhaltigkeitsherausforderungen (Fuchs et al. forthcoming). Darüber hinaus müssen sich Forscher*innen im Allgemeinen und Nachhaltigkeitsforscher*innen im Besonderen selbst stetig hinterfragen, wie sie möglichst effektiv und belastbar zu dem für eine wirkungsvolle Nachhaltigkeitsgovernance notwendigen Wissen beitragen können.

Aktuell, so argumentieren *Ingolfur Blühdorn* und *Hauke Dannemann*, trage die sozialwissenschaftliche Nachhaltigkeitsforschung möglicherweise eher zur Resilienz bestehender nicht-nachhaltiger gesellschaftlicher Ordnungen bei, indem sie wenig plausible Lösungs- und Hoffnungsnarrative entwickele und sich gegen eine reflexiv-kritische Infragestellung etablierter Glaubenssätze sperre. Um einen Beitrag zur gesellschaftlichen Transformation zur Nachhaltigkeit zu leisten, müsse sie den Blick stärker auf erschwerende Hindernisse und Blockaden lenken und sich selbstkritisch als defensive und blockierende Kraft hinterfragen. In einer vertiefenden Koreflexion unterfüttert *Samuel Mössner* ausgewählte Ideen Blühdorns und Dannemanns aus räumlich-geographischer Perspektive: Er erläutert zum einen, inwiefern die von ihnen besprochene Politik der Nicht-Nachhaltigkeit thematisch-selektive Ansätze der Nachhaltigkeit räumlich zu „heterogenen Geographien der Nicht-Nachhaltigkeit und Nachhaltigkeit" verbindet. Zum anderen kritisiert er den selektiven Rekurs auf vermeintliche *best-practice*-Beispiele in einem spezifischen Segment der Nachhaltigkeits- und Transformationsliteratur, den er u.a. auf die Neoliberalisierung des Wissenschaftssystems zurückführt.

6. Zeit als rahmende Bedingung der Nachhaltigkeitstransformation

Der Faktor „Zeit" muss im Kontext der Frage der Nachhaltigkeit bzw. Transformation zur Nachhaltigkeit u.a. aus den Gründen fokussiert werden, dass natürliche Zeitabläufe und Rhythmen Rahmenbedingungen für eine Transformation darstellen, die ihre Möglichkeiten und Erfolgsaussichten beeinflussen, wenn sogar nicht determinieren. Gleichzeitig sind nicht-nachhaltige Lebensstile, Arbeits-, Produktions- und Konsumweisen durch einen bestimmten Umgang mit Zeit geprägt. Und schließlich haben zeitliche Ressourcen und Kapazitäten auch fundamentale Auswirkungen auf die Frage, wer sich wie überhaupt im politischen Kontext für eine Nachhaltigkeitstransformation einsetzen kann.

Diese unterschiedlichen Zeitbezüge zu einer Politik der nachhaltigen Entwicklung greift *Jürgen P. Rinderspacher* in seinem Beitrag auf, wobei er sich auch kritisch mit der sog. „Fünf-vor-zwölf"-Metapher und dem Sintflut-Narrativ auseinandersetzt. Auch adressiert er Veränderungen individueller Zukunftsperspektiven und der mit ihnen zusammenhängenden Tendenz zur Förderung nachhaltigen Verhaltens durch anreizbasierte „Pull-Strategien" sowie den möglichen Beitrag christlich-jüdischer Traditionen und ihrer Ideen zeitlicher Suffizienz zur Nachhaltigkeitstransformation. Er regt weiterhin zu einer Hinterfragung aktuell dominanter Geschwindigkeitsnormen an und spricht Wirtschaft und Zivilgesellschaft das Potenzial zu, den Zeitdruck auf die Politik mit Blick auf die Umsetzung wichtiger umweltpolitischer Prozesse erhöhen zu können.

Martin Held schließlich nimmt in seinem Beitrag zunächst eine Einordnung und Diskussion der von Jürgen P. Rinderspacher thematisierten zeitlichen Kategorien und temporalen Differenzierungen vor. Anschließend zeigt er auf, warum es von entscheidender Bedeutung ist, die „Große Transformation" als die spezifische Zeitform des Übergangs zu begreifen, die sowohl einen fossil geprägten nicht-nachhaltigen Ausgangs- als auch einen postfossilen, nachhaltigen Zielpunkt hat. Ausgehend von diesem Gedanken argumentiert Held, dass neben „Phasing In"-Prozessen in Richtung einer nachhaltigen Entwicklung auch aktive „Phasing Out"-Prozesse zur Rückführung der Nicht-Nachhaltigkeit notwendig sind. In diesem Zusammenhang geht er dann insbesondere auf das „Phasing Out" von Metallen ein und argumentiert hier nachdrücklich für die Berücksichtigung dieser bisher nicht ausreichend wahrgenommenen Dimension der (Nicht-)Nachhaltigkeit.

Jedes dieser vier Themen, Konsum, Partizipation, Wissenschaft und Zeit, weist bereits für sich genommen einen sehr hohen Nachhaltigkeitsbezug auf. Über ihre individuelle Relevanz hinaus sind die einzelnen hier genannten Schwerpunktthemen aber auch auf so vielfältige Weise miteinander verknüpft, dass hier nur Beispiele genannt werden können: Die Wissenschaft kann einen entscheidenden Beitrag dazu leisten, mehr über die geeigneten Rahmenbedingungen nachhaltigkeitsförderlicher Partizipation zu erfahren oder über die Treiber und Auswirkungen von Überkonsum. Gleichzeitig wirkt sich Zeitdruck heute zunehmend negativ auf die Chancen informierter politischer Beteiligung wie auch der sorgfältigen Erarbeitung wissenschaftlichen Wissens aus und prägt auch die Art und Weise, wie wir (über-)konsumieren. Und obwohl partizipative Prozesse vielleicht zur gesellschaftlichen Abstimmung von notwendigen Grenzen des Konsums dienen können (s. Beitrag von Antonietta Di Giulio), könnten sie mehr Zeit beanspruchen, als uns zur Umsetzung der Transformation zur Nachhaltigkeit noch bleibt. Für die Zukunft bietet es sich insofern an, auch gerade die Schnittstellen zwischen den verschiedenen Bereichen in den Blick zu nehmen.

7. *Wege und Strategien für eine Transformation zur Nachhaltigkeit*

Trotz der schwierigen Ausgangslage einer erfolgreichen, tiefgreifenden und umfassenden Transformation zur Nachhaltigkeit und ihrer bisher gescheiterten Umsetzung gibt es verschiedene Ideen zu Wegen auf denen und zu Strategien durch die sie noch verwirklicht werden könnte. Zu diesen Ideen zählen die Aufforderungen, unser Leben mit Blick auf Arbeitszeit, Konsum, Partizipation, Wirtschaft und Institutionen zu verändern, u.a. durch eine Abkehr vom anthropozentrischen Blick auf die Welt, die Entwicklung neuer geteilter Visionen für eine wünschenswerte Zukunft und die Ermächtigung von bisher unterrepräsentierten Gruppen (Fuchs et al. forthcoming). Auch die Beiträge zu diesem Sammelband spezifizieren Ideen für Wege und Strategien zur Umsetzung der Transformation, die sich an die genannten Vorschläge anschließen und sie ergänzen und konkretisieren:

Antonietta Di Giulio fordert dazu auf, die Idee der Nachhaltigkeit als Richtschnur und Zielmaßstab für den Konsum von Haushalten und Individuen zu nutzen und plädiert für eine fortlaufende gesellschaftliche Aushandlung von Minimal- und Maximalgrenzen des Konsums, um gemeinschaftlich sog. Konsum-Korridore für verschiedene Bereiche des Konsums zu bestimmen. *Carolin Bohn* und *Doris Fuchs* wiederum sprechen sich dafür aus, partizipative Prozesse auf die Förderung der politischen Urteilsfähigkeit von Bürger*innen auszurichten, damit sie innerhalb herausfordernder Rahmenbedingungen „funktionieren", d.h. tatsächlich transformatives Potenzial entfalten können. *Georg Stoll* fordert in diesem Zusammenhang dazu auf, zivilgesellschaftliche Akteure in außereuropäischen Kontexten mitzudenken, da diese durch ihr vielfältiges Engagement transformatives Potenzial und wichtige Gegenentwürfe zu den dominanten westlich geprägten Vorstellungen des guten Lebens entwickeln. Auch *Jürgen P. Rinderspache* betont die Relevanz der Entwicklung alternativer Gesellschaftsentwürfe, die u.a. auf einem neuen Verständnis des Wohlstandsbegriffes aufbauen und verweist auf den möglichen Beitrag christlich-jüdischer Traditionen – Zeitwohlstand, so erklärt er, könnte in diesem Zusammenhang als neues Ziel gelten, jedoch nur, wenn ein „Mehr" an Freizeit nicht umweltschädigend investiert wird. *Martin Held* schließlich betont, dass die Umsetzung einer Transformation für Nachhaltigkeit nicht zuletzt positive Narrative und Metaphern brauche. Darüber hinaus plädiert er für eine Wiedereinbettung von durch den Menschen angestoßenen Prozessen in die natürliche Rhythmik der Erden und für die Durchführung aktiver „Phasing Out"-Prozesse zum Abbau der nicht-nachhaltigen Strukturen, die das „Davor" des notwendigen Übergangs in ein nachhaltiges „Danach" prägen.

Insgesamt, so haben wir bereits aufgezeigt, erfordert die Verwirklichung einer sozial-ökologischen Transformation zur Nachhaltigkeit die tiefgreifende Veränderung unserer individuellen und kollektiven Lebensweise in verschiedenen gesellschaftlichen Teilbereichen, auf unterschiedlichen Ebenen und an verschiedenen Orten. Die soeben skizzierten Ideen der Autor*innen dieses Sammelbandes können Bausteine für diese fundamentale Veränderung darstellen und als Wege zu einer erfolgreichen Nachhaltigkeitstransformation dienen – jedoch nur dann, wenn uns bewusst ist, wohin uns diese Wege genau führen sollen: Der Forderung nach einer sozial-ökologischen Transformation liegen letztlich stets bestimmte Zielvisionen zugrunde. Diese Zielvisionen wiederum beruhen auf bestimmten Ideen dazu, wie wir als Gesellschaft und als Einzelne innerhalb dieser Gesellschaft leben wollen sowie auf Normen und Werten, die unsere Gesellschaft prägen. Sollte das gute Leben des Einzelnen im Vordergrund stehen? Sollte eine Gesellschaft vor allem durch Gerechtigkeit und Gleichheit geprägt sein? Was genau verstehen wir unter einem „guten Leben", und was macht für uns „Gerechtigkeit" aus? Um eine klare Vorstellung davon zu haben, wohin uns eine sozial-ökologische Transformation führen soll, ist die Auseinandersetzung mit diesen Fragen zentral. Es handelt sich dabei jedoch nicht um Fragen, auf die es eindeutige Antworten gibt, die durch Wissenschaftler*innen und Expert*innen bereitgestellt werden können. Während das Wissen dieser Akteure ebenfalls zentral für eine Nachhaltigkeitstransformation ist, erfordert die Aushandlung normativer Fragen und die Festlegung gesellschaftlicher Zielsetzungen einen umfassenden fortlaufenden Dialog, in den auch Bürger*innen und andere zivilgesellschaftliche Akteure einbezogen sind. Zu diesen zivilgesellschaftlichen Akteuren gehören unter anderem auch die Kirchen, ihre Verbände und zahlreichen Einrichtungen, die ein besonderes Potenzial für die Thematisierung normativer Fragen und die Einbringung entsprechender Impulse mit sich bringen.

8. Die Rolle kirchlicher Akteure in der Nachhaltigkeitstransformation

Kirche und Theologie können auf verschiedenen Ebenen als Akteure in der Debatte um eine Transformation zur Nachhaltigkeit betrachtet werden. Die Sozialethik als Disziplin der wissenschaftlichen Theologie befasst sich mit den jeweils drängenden Fragen der Zeit (in theologischer Sprache: den „Zeichen der Zeit"). Mit der Sozial*ethik* in einer Wechselwirkung steht die Sozial*lehre* der Kirche, in der sowohl die Ortskirchen als auch der Papst als weltweites geistliches Oberhaupt der katholischen Kirche beispielsweise durch Dokumente von Bischofskonferenzen, Kongregationen oder Synoden auf Grundlage christlicher Überzeugungen Orientierung geben wollen. Sowohl Sozialethik als auch Soziallehre wenden sich ausdrücklich nicht nur an die Mitglieder der Kirche, sondern haben einen Dialog mit der Gesellschaft (in theologischer Sprache: „mit allen Menschen guten Willens") zum Ziel. Ein wichtiges Instrument dieser Soziallehre sind die so genannten „Sozialenzykliken" – Päpstliche Rundschreiben, in denen eine Zusammenfassung der kirchlichen Überlegungen zu jeweils aktuellen Themenkomplexen vorgenommen wird und die die kirchliche Lehre in konkreten Handlungsfeldern und Situationen formulieren.

Im Zentrum aller Überlegungen steht dabei das Wohle der Menschen: Jedes einzelnen Menschen und der Menschheit als ganzer, die als „Menschheitsfamilie" begriffen wird. Fragen einer in jeder Hinsicht gerechten Gestaltung von Gesellschaften und der internationalen Beziehungen waren von Anfang an Gegenstand der Diskussionen: Der Versuch, auch aus kirchlicher Sicht Antworten auf die so genannte „Arbeiterfrage" (Leo XIII. 1891) zu finden, war der Ausgangspunkt der Soziallehre der Päpste, die sich in der Folge ausdifferenzierte. Vor allem in den Jahrzehnten nach dem Zweiten Weltkrieg rückte auch die Frage der weltweiten Verteilung der Güter und eines friedlichen Zusammenlebens der Völker in den Blick. In diesem Kontext wurden auch die sich abzeichnenden Probleme der Umweltzerstörung angesprochen, allerdings eher beiläufig und kursorisch denn systematisch (vgl. dazu: Heimbach-Steins und Lienkamp 2015). Eine Kirche, die versucht, die „Zeichen der Zeit" zu erkennen, ist indes aufgefordert, sich auch mit den massiven globalen Problemen der Zerstörung der natürlichen Lebensgrundlagen auseinanderzusetzen. Im besten Fall kann die Kirche auch dazu beitragen, die Herausforderungen zu bewältigen: Indem sie inhaltliche Impulse setzt, die für andere inspirierend wirken (u.a. im Sinne einer Bewusstseinsbildung), indem sie Räume für Gespräche und Diskurse zur Verfügung stellt (unter anderem im Bereich der politisch-gesellschaftlichen Bildung) und nicht zuletzt, indem sie ihr eigenes Handeln kritisch auf die Folgen für Umwelt und Menschen auf allen Kontinenten überprüft und, wo erforderlich, auch umsteuert. Einige Beispiele seien genannt:

Einen nach allgemeiner Wahrnehmung wichtigen Impuls für die gesellschaftliche Debatte um eine global nachhaltige Entwicklung setzte das kirchliche entwicklungspolitische Hilfswerk MISEREOR gemeinsam mit dem Bund für Umwelt und Naturschutz, BUND, schon 1996 in der gemeinsamen Studie „Zukunftsfähiges Deutschland. Ein Beitrag zu einer global nachhaltigen Entwicklung (BUND und Misereor 1996; fortgeschrieben und aktualisiert 2008 in Kooperation mit dem evangelischen Hilfswerk Brot für die Welt und dem Evangelischen Entwicklungsdienst

(BUND et al. 2008)).[6] Mit etwas zeitlicher Verzögerung, aber sehr spezifisch und mit dezidiert internationaler Perspektive hat die Monografie „Klimawandel und Gerechtigkeit. Eine Ethik der Nachhaltigkeit in christlicher Perspektive" von Andreas Lienkamp (2009) die ethischen Fragen der Nachhaltigkeitsdebatte aufgegriffen.

Während oftmals päpstliche Dokumente außerhalb der kirchlichen Community eher wenig Beachtung finden, wurde 2015 die Enzyklika „Laudato Si'"[7] breit rezipiert (Franziskus 2018). Dieser Text weitet die Soziallehre der katholischen Kirche, für die die Soziale Frage seit Jahrzehnten im Mittelpunkt stand, um die „ökologische" Frage (zur Einordnung vgl. u.a. Heimbach-Steins und Schlacke 2015; Wallacher 2015; Vogt 2015). Ganz ausdrücklich bezieht er sich auf den Stand der Wissenschaft in Fragen des Klimawandels, sieht die Kirche als Teil eines weltweiten Dialogs, der sich um Nachhaltigkeit bemüht und nimmt auch die Gläubigen in die Pflicht, sich konstruktiv und engagiert einzubringen (LS 14). Papst Franziskus greift in Laudato Si' auch den Topos des „Globalen Gemeinwohls" wieder auf und bezieht ihn ausdrücklich auf das Klima (Wallacher 2015). Mit Blick auf eine mögliche Handlungsorientierung mahnt die Enzyklika – ohne diesen Begriff zu nutzen – ein dialogisches System der „Global Governance" an und sieht bei der Bekämpfung von Klimawandel und Armut in erster Linie diejenigen Staaten in der Pflicht, die das Problem verursacht haben. In diesem Prozess spiele auch die Zivilgesellschaft und in ihr neue partizipative und transparente Entscheidungsprozesse eine Rolle (LS Kapitel 5). Ebenso wie in anderem Kontext durch die Rezeption naturwissenschaftlicher Erkenntnisse, sind die Überlegungen der Enzyklika hier grundsätzlich anschlussfähig auch an soziogische und politologische Diskurse. Als tiefere Ursache der Krise sieht Franziskus die exzessive Selbstbezogenheit der Menschen und ihr blindes Vertrauen in die Technik und der damit verbundenen Machtfragen (Kapitel 3).[8] Der besondere Beitrag der Religionen zu den hier debattierten Fragen liegt nach Auffassung des Papstes in der „Kontemplation, die einen anderen (unverzweckten) Blick auf die Wirklichkeit werfen als Markt und Technik" (Wallacher 2015). Ganz ausdrücklich verbindet die Enzyklika die individualethische Ebene von Verhaltensänderungen mit strukturellen Fragen. Es brauche sowohl eine

---

6 In umweltethischen Fragen gibt es oft eine enge Zusammenarbeit der großen Kirchen in Deutschland, konfessionelle Unterschiede spielen hier kaum eine Rolle.

7 Die Enzyklika wird im Text mit dem Kürzel LS zitiert.

8 Diese Kritik mündet gleichwohl nicht in eine generelle Skepsis gegenüber wissenschaftlichem und technischem Fortschritt, vielmehr geht es um einen angemessenen Umgang mit der Technik (vgl. LS 103ff).

Veränderung von Einstellungen und Verhalten der Menschen als auch einer den notwendigen Veränderungen förderlichen Gestaltung der politischen Rahmenbedingungen auf nationaler wie internationaler Ebene (ebd.).

Neben theologischen und ethischen Überlegungen, mit denen die Kirche sich an der öffentlichen Diskussion um den Schutz des Klimas und der Umwelt beteiligt, kann und will die Kirche in ihren Diensten und Einrichtungen auch durch ihr eigenes (wirtschaftliches) Handeln zum erforderlichen Umsteuern beitragen. In zahlreichen Bistümern (in Deutschland und weltweit) sind in den letzten Jahren sehr konkrete Maßnahmen angestoßen und umgesetzt worden, um Nachhaltigkeit zu fördern: Zum Beispiel in der ökofairen Beschaffung, bei der energetischen Sanierung kirchlicher Gebäude oder in der Bildungsarbeit. Die Deutsche Bischofskonferenz strebt an, dass alle kirchlichen Aktivitäten bis 2050 klimaneutral sein sollen und macht sich dadurch die staatlicherseits eingegangenen Ziele explizit auch für den eigenen Verantwortungsbereich zu eigen (DBK 2019).

Literatur

Brand, Ulrich, und Markus Wissen. 2017. *Imperiale Lebensweise*. München: oekom.

BUND – Bund für Umwelt und Naturschutz Deutschland, und Misereor (Hrsg.). 1996. *Zukunftsfähiges Deutschland. Ein Beitrag zu einer global-nachhaltigen Entwicklung. Studie des Wuppertal-Instituts für Klima, Umwelt, Energie*. Basel: Birkhäuser.

BUND – Bund für Umwelt und Naturschutz; Brot für die Welt, und Evangelischer Entwicklungsdienst (Hrsg.). 2008. *Zukunftsfähiges Deutschland in einer globalisierten Welt. Ein Anstoß zur gesellschaftlichen Debatte. Eine Studie des Wuppertal Instituts für Klima, Umwelt, Energie*. Frankfurt am Main: Fischer.

DBK – Deutsche Bischofskonferenz. 2019. Zehn Thesen zum Klimaschutz. Ein Diskussionsbeitrag. Die deutschen Bischöfe – Kommission für gesellschaftliche und soziale Fragen, 48. Bonn: Sekretariat der Deutschen Bischofskonferenz.

Franziskus [Papst]. 2018 [2015]. *Enzyklika Laudato Si' über die Sorge für das gemeinsame Haus*. (Verlautbarungen des Apostolischen Stuhls, 202). Vierte korrigierte Auflage. Bonn: Sekretariat der Deutschen Bischofskonferenz.

Fuchs, Doris; Hayden Anders, und Agni Kalfagianni. (Forthcoming). „Global Sustainability Governance – Really?". In Kalfagianni, Agni; Fuchs, Doris, und Anders Hayden (Hrsg.). *The Routledge Handbook on Global Sustainability Governance*. London: Routledge.

Heimbach-Steins, Marianne, und Andreas Lienkamp. 2015. „Die Enzyklika, Laudato Si'" von Papst Franziskus. Auch ein Beitrag zur Problematik des Klimawandels und zur Ethik der Energiewende". *Jahrbuch für Christliche Sozialwissenschaften* 56, 155-179.

Heimbach-Steins, Marianne, und Sabine Schlacke (Hrsg.). 2015. „Ganzheitliche Ökologie'. Diskussionsbeiträge zur Enzyklika Laudato Si" von Papst Franziskus." *ZIN Diskussionspapiere 01/2015*, Münster.

I.L.A. Kollektiv. 2017. *Auf Kosten anderer? Wie die imperiale Lebensweise ein gutes Leben für alle verhindert.* München: oekom.

Jackson, Tim. 2013. *Wohlstand ohne Wachstum. Leben und Wirtschaften in einer endlichen Welt.* Bonn: Bundeszentrale für politische Bildung.

Kalfagianni, Agni; Fuchs, Doris, und Anders Hayden (Hrsg.). (Forthcoming). *The Routledge Handbook on Global Sustainability Governance.* London: Routledge.

Kleinhückelkotten, Silke. 2005. *Suffizienz und Lebensstile. Ansätze für eine milieuorientierte Nachhaltigkeitskommunikation.* Berlin: Berliner Wissenschaftsverlag.

Lessenich, Stephan. 2016. *Neben uns die Sintflut. Die Externalisierungsgesellschaft und ihr Preis.* München: Hanser Berlin.

Lidskog, Rolf, und Claire Waterton. 2018. „The Anthropocene: A Narrative in the Making". In Boström, Magnus, und Debra Davidson (Hrsg.). *Environment and Society. Concepts and Challenges.* Cham: Palgrave Macmillan, 25 - 46.

Lienkamp, Andreas. 2009. *Klimawandel und Gerechtigkeit. Eine Ethik der Nachhaltigkeit in christlicher Perspektive.* Paderborn: Ferdinand Schöningh.

Middlemiss, Lucie. 2010. „Reframing Individual Responsibility for Sustainable Consumption: Lessons from Environmental Justice and Ecological Citizenship". *Environmental Values* 19 (2): 147-167.

Newig, Jens; Kuhn, Katina, und Harald Heinrichs. 2011. „Nachhaltige Entwicklung durch gesellschaftliche Partizipation und Kooperation? – eine kritische Revision zentraler Theorien und Konzepte". In Heinrichs, Harald; Kuhn, Katina, und Jens Newig (Hrsg.). *Nachhaltige Gesellschaft. Welche Rolle für Partizipation und Kooperation?.* Wiesbaden: VS Verlag für Sozialwissenschaften, 27-45.

Global Footprint Network. 2019. Overshootday.org (Homepage). Online zugänglich unter: https://www.overshootday.org/, letzter Zugriff: 04.06.2019.

Leo XIII [Papst]. 1891. „Rerum novarum". online zugänglich unter: http://w2.vatican.va/content/leo-xiii/en/encyclicals/documents/hf_l-xiii_enc_15051891_rerum-novarum.html, letzter Zugriff: 18.5.2019.

Rockström, Johan; Steffen, Will; Noone, Kevin; Persson, Asa; Chapin II, Stuart; Lambin, Eric; Lenton, Timothy; Scheffer, Marten; Folke, Carl; Schellnhuber, Hans Joachim; Nykvist, Björn; de Wit, Cynthia; Hughes, Terry; van der Leeuw, Sander; Rodhe, Henning; Sörlin, Sverker; Snyder, Peter; Constanza, Robert; Svedin, Uno; Falkenmark, Malin; Karlberg, Lousie; Corell, Robert; Fabry, Victora; Hansen, James; Walker, Brian; Liverman, Diana; Richardson, Katherine; Crutzen, Paul, und Jonathan Foley. 2009. „A safe operating space for humanity". *Nature* 461: 472–475.

Sommer, Bernd, und Harald Welzer. 2014. *Transformationsdesign. Wege in eine zukunftsfähige Moderne.* München: oekom.

Vogt Markus. 2015. „Würdigung der neuen Enzyklika". online zugänglich unter: http://www.christliche-sozialethik.de/wp-content/uploads/2015/06/Laudato-Si_Kommentar-Vogt_18.6.2015-2.pdf, letzter Zugriff: 18.5.2019.

Wallacher, Johannes. 2015. „Laudato Si' - Kompass für eine menschen- und umweltgerechte Entwicklungsagenda". online zugänglich unter: https://www.hfph.de/nachrichten/thesen-zur-enzyklika-laudato-si, letzter Zugriff: 18.5.2019.

WBGU – Wissenschaftlicher Beirat der Bundesregierung Globale Umweltveränderungen. 2011. *Welt im Wandel. Gesellschaftsvertrag für eine Große Transformation. Hauptgutachten.* Berlin: WBGU.

WBGU – Wissenschaftlicher Beirat der Bundesregierung Globale Umweltveränderungen. 2019. „WBGU-Factsheet 3/2011: Globale Megatrends". Online zugänglich unter: https://www.wbgu.de/de/publikationen/publikation/factsheet-globale-megatrends, letzter Zugriff: 07.06.2019.

Konsum

Wege zu nachhaltigem Konsum jenseits der kleinen Schritte

Antonietta Di Giulio[1]

1. Vorbemerkungen und Gliederung

Die Überlegungen in diesem Beitrag gehen von den für die Tagung gesetzten Prämissen aus, wonach Nachhaltigkeit ein anzustrebendes Ziel ist und wonach es zur Erreichung dieses Ziels tief greifender Veränderungen bedarf in der Art und Weise, wie Gesellschaften je für sich und in ihrer Beziehung zueinander organisiert sind, und in der Art und Weise, wie Menschen ihr Leben leben. Diese Prämissen werden daher nicht begründet, sondern vorausgesetzt. Deshalb wendet sich der Beitrag direkt der Frage nach Mitteln und Wegen einer solchen Veränderung zu. Er konzentriert sich dabei auf das Konsumhandeln von Individuen und Haushalten als lediglich einen, aber wesentlichen Aspekt der gesellschaftlichen und alltäglichen Organisation.

Sich Gedanken darüber zu machen, wie sich das Konsumhandeln von Individuen und Haushalten in Richtung Nachhaltigkeit verändern ließe, beinhaltet, dass man sich vergewissert, welches zentrale Funktionsweisen des Konsumhandelns sind, wohin die Reise gehen soll, was also nachhaltiger Konsum ist, und wie der erforderliche Veränderungsprozess in Gang gesetzt werden könnte, um dieses Ziel zu erreichen. Mit anderen Worten: Es braucht Systemwissen, Zielwissen und Transformationswissen (CASS und ProClim- 1997).

In Anlehnung an diese Unterscheidung sind die Ausführungen in drei Abschnitte gegliedert:

- Systembezogen: Welches ist eine angemessene Perspektive, um über das Konsumhandeln von Individuen und Haushalten nachzudenken?
- Zielbezogen: Was ist nachhaltiger Konsum?
- Transformationsbezogen: Wie könnte Nachhaltigkeit im Konsum erreicht werden?

---

1 Ich danke den Ko-Referentinnen, Prof.'in Dr. Marianne Heimbach Steins und Prof.'in Dr. Christa Liedtke, für die anregenden Impulse und den Teilnehmenden der Tagung für die spannende Diskussion.

2. *Systembezogen: Welches ist eine angemessene Perspektive, um über das Konsumhandeln von Individuen und Haushalten nachzudenken?*

Bezogen auf Konsum geht der Beitrag von folgender Prämisse aus: Menschen bewältigen und gestalten ihren Alltag, indem sie Güter, d.h. Produkte, Dienstleistungen und Infrastrukturen, in Anspruch nehmen, die Dritte zur Verfügung stellen. Ohne den Konsum von Produkten würden Menschen hungern und frieren, ohne den Konsum von Dienstleistungen könnten sie sich nicht per Telefon verständigen und sich im Radio oder Fernsehen informieren, ohne den Konsum von Infrastrukturen hätten sie in ihren Häusern und an ihren Arbeitsplätzen keinen Strom etc. Ein Konsumverzicht ist daher keine Option, entsprechende Appelle müssen notgedrungen wirkungslos bleiben bzw. erreichen höchstens Asketinnen und Asketen, aber sicher keine Mehrheit.

2.1 Konsum ist ambivalent, weder gut noch schlecht und beides zugleich

Konsum ist aus einer Gesellschaft nicht wegzudenken, weder in Deutschland noch anderswo auf der Welt. Konsum ist aber nicht einfach eine Selbstverständlichkeit, die relativ neutral hingenommen wird. Vielmehr ist Konsum sowohl negativ wie positiv konnotiert, d.h. viele Menschen haben eine zwiespältige Einstellung zu Konsum, insbesondere, wenn es um Nachhaltigkeit im Konsum geht. Die eher negative Einstellung spiegelt sich in vielen Ratgebern, Blogbeiträgen etc., die zu einer Konsumreduktion aufrufen bzw. dazu verhelfen wollen, und die positive Einstellung vielleicht in solchen, die Tipps geben zu fairem bzw. ökologischem Shoppen. Die Zwiespältigkeit spiegelte sich auch im allerersten Vorschlag für den Titel meines Beitrags zu dieser Tagung, der an mich herangetragen wurde – „Konsumverhalten als Grundübel?" –, also eine eher negative Aussage, aber mit Fragezeichen versehen. Es geht mir im Folgenden nicht darum, die positiven und negativen Merkmale von Konsum systematisch aufzuspannen. Vielmehr werde ich einige zentrale Merkmale skizzierend aufrufen, was gleichzeitig dazu dient, mich zu positionieren:

Damit Individuen und Haushalten ein breites Angebot an Gütern für die Alltagsbewältigung und Alltagsgestaltung zur Verfügung steht, braucht es Akteure, die diese Güter zur Verfügung stellen. Grundsätzlich besteht hier eine gegenseitige Abhängigkeit: Die Einen produzieren Güter, die sie gegen Entgelt Anderen zur Verfügung stellen, die wiederum auf diese Güter angewiesen sind und deshalb bereit (oder gezwungen) sind, für diese Güter zu bezahlen. Sind die Menschen nicht willens (oder in der Lage), ein Entgelt für bereitgestellte Güter zu entrichten, so können diejenigen, die diese Güter bereitstellen, dies nicht mehr tun. Dies ist selbstverständlich ein stark verkürztes Bild wirtschaftlicher Zusammenhänge, aber im Endeffekt läuft es darauf hinaus, dass Konsum Arbeitsplätze und Einkommen generiert. Entsprechend überrascht es nicht, dass die Bereitschaft, mit der Menschen konsumieren, und der Umfang, in dem sie konsumieren, unter steter und genauer Beobachtung stehen, und dass der Umfang, in dem Menschen konsumieren, aus dieser Perspektive eine positive Konnotation erhält. Dazu nur eine kurze Illustration anhand der Berichterstattung einer Schweizer Zeitung in einer Zeit, als sich die letzte Wirtschaftskrise auch in der Schweiz bemerkbar machte:

Die Zeitung „Der Bund" titelte im Mai 2009 „Noch kein Knick beim Konsum" (E-Bund 2009a) und schrieb mit Sorge und Erleichterung gleichermaßen: „Der intakte Privatkonsum stützt die Schweizer Wirtschaft. Wie lange noch? Zunehmende Arbeitslosigkeit könnte den Konsum einbrechen lassen und die Rezession verschärfen." Wenige Monate später war die Sorge stärker, und unter dem Titel „Schweizer Konsumenten halten sich zurück" (E-Bund 2009b) wurde berichtet, dass „insbesondere der erwartete Anstieg der Arbeitslosigkeit und die damit verbundene Arbeitsplatzunsicherheit das Konsumverhalten in den kommenden Monaten dämpfen [dürften] (...)". Einen knappen Monat später wurde die Sorge zur Gewissheit, und unter dem Titel „Konsum schwächelt immer deutlicher" (E-Bund 2009c) wurde berichtet: „Im September gingen die Detailhandelsumsätze im Vergleich zum Vorjahresmonat um 2% zurück, wie das Bundesamt für Statistik (BFS) am Dienstag mitteilte. (...) Schlecht lief das Geschäft namentlich für die Verkäufer von Kleidern und Schuhen (real -8.9%). Auch für Tabak und Raucherwaren wurde deutlich weniger ausgegeben (-7.3%). Erfreuliche Geschäfte meldeten dagegen die Küchen- und Haushaltsgeschäfte (+6.1%). Auch für Unterhaltungs- und Büroelektronik wurde deutlich mehr ausgegeben (+4.6%). Produkte für Gesundheit, Körperpflege und Schönheit waren ebenfalls gefragt (+2,0%)." Erleichterung dann Mitte 2010, als die Zeitung „Positive Entwicklung beim Konsum" titelte (E-Bund 2010b) und darunter berichtete, dass die „höheren Verkaufszahlen bei Automobilen dazu [führten], dass der UBS-Konsumindikator auf den höchsten Stand seit Juli 2008 kletterte (...)". Im selben Artikel brachte es „Der Bund" auf den Punkt: „Der Konsum ist eine wichtige Stütze der Schweizer Wirtschaft.".

Hier wird Konsum gleichgesetzt mit dem Kaufen von Produkten, und das Kaufen von Produkten gilt als wichtiger Motor für eine funktionierende Wirtschaft und als wesentliches Indiz einer funktionierenden und freien Gesellschaft. So erstaunt es nicht, dass ein Staat große Summen an Steuergeldern einsetzt, um eine güterproduzierende Industrie wie z.B. die Autoindustrie zu stützen, und dass er das tut, indem er die Menschen zum Kaufen der entsprechenden Produkte animiert, wie dies bspw. in Deutschland 2009 mit der sogenannten „Abwrackprämie" geschah. Und es ist vor diesem Hintergrund sogar nachvollziehbar, dass nach den Terroranschlägen auf die Twin Towers des World Trade Center im September 2001 die Legende entstand, der damalige amerikanische Präsident George W. Bush habe als Reaktion auf die Terroranschläge die Menschen aufgefordert, shoppen zu gehen (was er so nicht tat).

Diesen aus gesellschaftlicher Sicht positiv konnotierten Merkmalen bzw. Folgen von Konsum stehen gesellschaftlich negativ konnotierte gegenüber: Dass die Herstellung, der Transport, der Vertrieb, die Nutzung und die Entsorgung von Gütern die natürliche Umwelt belasten und dass diese Belastung zumindest in einigen Gegenden der Welt durch den hohen Umsatz an Gütern viel zu hoch ist, ist seit langem bekannt und bereits seit längerer Zeit auch ein Thema in der breiten Öffentlichkeit, jedenfalls in vielen Ländern, darunter auch Deutschland und die Schweiz. Mittlerweile gilt dies auch für die sozialen Folgen (die wirtschaftlichen Folgen gehören hier dazu), die mit der Herstellung, dem Transport, dem Vertrieb, der Nutzung und der Entsorgung von Gütern verbunden sind, angefangen mit blutigen Auseinandersetzungen bei der Gewinnung von Rohstoffen über schlechte Arbeitsbedingungen bei zu tiefen Löhnen in der Produktion bis hin zur Gefährdung der Gesundheit von Arbeiterinnen und Arbeitern bei der Entsorgung von Abfällen.

Die Folge dieser Zwiespältigkeit zeigt sich dann etwa in einer gewissen Widersprüchlichkeit der öffentlichen Diskussion bzw. in einer getrennten Bewertung eigentlich zusammengehörender Dinge. Auch dazu als Illustration der Hinweis auf die Schweizer Zeitung „Der Bund": Das Kaufen elektronischer Geräte wurde positiv vermerkt (s. oben), nahezu gleichzeitig wurde aber in derselben Zeitung auf die negativen Wirkungen der Produktion ebendieser Geräte aufmerksam gemacht (z.B. E-Bund 2010a, „Sind Apple-Handys die neuen Blutdiamanten?": „Ein wichtiger Rohstoff, der zur Produktion elektronischer Bauteile für das iPhone und andere Handys und Computer benötigt wird, stammt aus dem Kongo. Dort toben um das begehrte Material Tantal blutige Kämpfe."). Dass eine aus wirtschaftlicher Sicht positiv gewürdigte Zunahme des Kaufs solcher Geräte logischerweise auch zu einer Verschärfung der Probleme beitragen kann, wurde in dieser Zeitung jedoch nicht erwähnt, d.h. weder wurde ein Zusammenhang hergestellt, noch wurde die Widersprüchlichkeit thematisiert.

Dieses Spannungsfeld zwischen positiven und negativen Konnotationen zeigt sich nicht nur auf gesamtgesellschaftlicher Ebene, sondern auch auf der Ebene von Individuen: Konsum ist, rein funktional gesehen, ein unabdingbares Element der Alltagsbewältigung von Individuen und Haushalten. Konsum ist aber darüber hinaus Ausdruck von Selbstbild und Selbstverwirklichung, d.h. der individuellen Lebensgestaltung. Die Güter, die Menschen in Anspruch nehmen, und die Art und Weise, wie sie diese nutzen, drückt ihre Identität aus, d.h. es zeigt, was Menschen tun und erreichen wollen und wie Menschen wahrgenommen werden wollen. Das bezieht sich interessanterweise auch auf die Güter, auf die Menschen bewusst verzichten, weil auch der Nicht-Konsum streng genommen Güter voraussetzt, die in Anspruch genommen werden könnten (andernfalls wäre ein bewusster Verzicht nicht möglich). Konsum ist also auch identitätsstiftend, und zwar sowohl bezogen auf die Güter, die in Anspruch genommen werden, als auch bezogen auf die Güter, die explizit gemieden werden. Und dies wiederum weist auf die soziale Funktion von Konsum hin, die ebenfalls mehrere Aspekte umfasst.

Viele soziale Tätigkeiten sind, rein funktional, an die Nutzung von Gütern gebunden, und auch die Teilhabe an vielen kulturellen Tätigkeiten setzt den Zugang zu bestimmten Gütern voraus. Konsum ist also ein wichtiges Element der Teilhabe – und er ist gerade deshalb auch ausgrenzend: wer ein bestimmtes Produkt nicht hat, eine bestimmte Tätigkeit nicht ausüben kann, den Zugang zu bestimmten Infrastrukturen nicht hat oder eine bestimmte Dienstleistung nicht in Anspruch nehmen kann, bleibt außen vor. Über das Funktionale hinaus drücken die Güter, die Menschen in Anspruch nehmen, und die Art und Weise, wie sie diese nutzen, aus, zu welcher Gruppe sie gehören und gehören wollen (und das betrifft, s. oben, auch das, was sie meiden). Konsum ist also auch ‚klassenbildend' (abgrenzend), indem Unterschiede zwischen Menschen produziert und reproduziert werden.

Nicht nur der funktionale, sondern auch der über das Funktionale hinausreichende Aspekt von Konsum werfen auch allseits bekannte Schatten auf Individuen und Haushalte, von denen die psychische Belastung und die Verschuldung von Haushalten und Individuen (die sich wiederum auf die Volkswirtschaft auswirkt) nur zwei darstellen. Zu erwähnen ist auch eine pathologische Erscheinung, die, zumindest in der Schweiz, erst vor knapp 10 Jahren öffentliche Aufmerksamkeit zu erlangen begann, die Kaufsucht. Und die gesellschaftliche Konnotation von Kaufsucht ist ein gutes Beispiel für die oben erwähnte Widersprüchlichkeit der öffentlichen Diskussion bzw. die getrennte Bewertung eigentlich zusammengehörender Dinge. Kaufsucht wird als Krankheit negativ konnotiert, wie sich auch gut zeigt z.B. auf den Ratgeberseiten zur Diagnose und Therapie von Kaufsucht. Und obwohl auch darauf hingewiesen wird, dass z.B. in der Schweiz rund 5% der Bevölkerung kaufsüchtig sein könnten (Coachfrog AG 2017), wird diese Krankheit in der Berichterstattung nicht in Beziehung gesetzt zur gesellschaftlichen Erwünschtheit eines möglichst großen Umfangs an Produkten, die von Menschen gekauft werden.

Konsum hat also eine gewisse Ähnlichkeit mit der Allegorie der Frau Welt im Mittelalter. Diese ist von vorne gesehen eine bildschöne Frau, die mit ihrer äußeren Erscheinung die Menschen anzieht. Ihre Rückseite hingegen besteht aus Ungeziefer bzw. aus anderen im Mittelalter als dem Teufel zugehörend bewerteten Tieren (bei der Figur der Frau Welt in Worms (nach 1298) sind es z.B. Kröten und Schlangen, s. Abb. 1).

Abb. 1: Frau Welt (Südportal St Peter, Worms)

Quelle: Jivee Blau, CC BY-SA 3.0

Diese Analogie hinkt aber insofern, als die Rückseite der Frau Welt deren wahre Natur offenbart, während die ‚Rückseite' von Konsum nicht dessen wahre Natur, sondern dessen Schattenseiten offenbart. In beiden Fällen macht es Sinn, sich sowohl die Vorderseite als auch die Rückseite anzuschauen.

Konsum ist also als Phänomen weder uneingeschränkt gut noch uneingeschränkt schlecht. Das menschliche Konsumhandeln undifferenziert für alles Schlechte in der Welt verantwortlich zu machen, wäre genau so unsinnig wie das Gegenteil, wie der Versuch also, das Funktionieren einer Gesellschaft ausschließlich vom menschlichen Konsumhandeln abhängig zu machen. Alle Menschen nehmen Güter in Anspruch, und zwar als Individuen, als Mitglieder eines Haushaltes, als Angehörige einer Organisation etc., d.h. Konsum geht alle an. Konsum kann nicht rein funktional verstanden werden, sondern ist stets auch sozial und symbolisch aufgeladen. Konsum geht mit einer Reihe von über das Individuum (bzw. einen Haushalt) hinausreichenden wirtschaftlichen, sozio-kulturellen und ökologischen Wirkungen einher, und zwar mit positiven wie mit negativen. Konsumhandeln ist daher nie reine Privatsache und nie moralisch neutral. Vielmehr ist Konsum immer auch Ausdruck einer moralisch-ethischen Haltung und deshalb ethisch zu beurteilen, d.h. es ist erlaubt, ethische Maßstäbe an das Konsumhandeln anzulegen (damit ist nicht gemeint, dass die Verantwortung für negative Wirkungen primär oder ausschließlich individuellem Konsumhandeln zugeschrieben wird, sondern lediglich, dass Wirkungen in Kauf genommen werden, was eine entsprechende Verantwortung konstituiert).

2.2 Konsum ist mehr als Kaufen und Konsumhandeln ist komplex

Güter sind, wie gesagt, nicht nur Produkte, sondern auch Dienstleistungen und Infrastrukturen, und Konsum wiederum ist mehr als das Beschaffen von Gütern. Vielmehr besteht Konsum aus einer ganzen Reihe von Handlungen (s. dazu z.B. Kaufmann-Hayoz et al. 2011). Diese Reihe beginnt bei Handlungen rund um die Wahl von Gütern. Sie setzt sich fort mit Handlungen rund um die Beschaffung von Gütern und mit Handlungen rund um die Nutzung (bzw. den Verbrauch) von Gütern. Sie endet schließlich mit Handlungen rund um die Entsorgung oder Weitergabe von Gütern oder rund um andere Formen, mit denen sich Individuen und Haushalte von Gütern trennen. Der Konsum einer Jeans ist also nicht darauf beschränkt, dass jemand eine Jeans kauft und nach Hause bringt (bzw. sich nach Hause bringen lässt). Der Konsum einer Jeans umfasst vielmehr auch die Auswahl, d.h. dass jemand überhaupt eine Jeans will und welche er/sie wählt, er umfasst das Nutzen, also das Tragen der Jeans, die Pflege der Jeans und das Aufbewahren der Jeans, und er umfasst schließlich, sich irgendwann von der Jeans zu trennen, indem diese entsorgt wird, weitergegeben wird oder einer anderweitigen Nutzung zugeführt wird (d.h. zu einem anderen Gut gemacht wird). Je nach Konsumgut gehört der Verzehr, d.h. der Verbrauch, dazu. Konsumhandlungen auf das Beschaffen von Gütern zu reduzieren, ist unangemessen, sowohl mit Blick auf das Verstehen von Konsumhandlungen als auch mit Blick auf das Verändern von Konsumhandlungen.

Güter zu konsumieren ist kein Selbstzweck, sondern ist immer instrumentell, d.h. Konsumhandlungen sind Mittel zum Zweck (Konsum erfolgt z.B. nicht in der Absicht, Energie zu verbrauchen, Wasserleitungen zu nutzen oder Versicherungsangestellte zu beschäftigen, und auch bei Produkten ist der Besitz an sich nicht der eigentliche Zweck des Konsums). Zu den Zwecken von Konsumhandlungen wiederum gehören sowohl funktionale Zwecke als auch symbolische Zwecke. Letztere sind Konstrukte des Wollens, die mittels Konsumhandlungen befriedigt werden. Es ist daher angezeigt, zwischen den Gütern, die konsumiert werden, und den Wollens-Konstrukten, die damit befriedigt werden, zu unterscheiden. Güter und damit einhergehende Handlungen sind so betrachtet, in Anlehnung u.a. an Max-Neef et al. (1991), „Satisfier" (also ‚Befriediger'). Aus dieser Betrachtung ergibt sich, dass individuelle Konsumhandlungen immer in zweifacher Hinsicht mit Bedeutung aufgeladen sind (s. Kaufmann-Hayoz et al. 2011 sowie Abb. 2): Die eine Bedeutung betrifft die Bedeutung des Zwecks für ein Individuum, die andere Bedeutung betrifft die Bedeutung des Mittels zur Erreichung des Zwecks.

Trotz dieser Bedeutungsdimension, die Konsumhandlungen zukommt, erfolgen Konsumhandlungen nicht immer durchdacht bzw. nicht alle solchen Handlungen sind das Ergebnis sorgfältigen Nachdenkens und Entscheidens. Würden jeder einzelnen Konsumhandlung eine Reflexion und eine bewusste Entscheidung vorausgehen (müssen), könnten die meisten Menschen ihren Alltag wohl kaum bewältigen. In einem Land wie Deutschland oder der Schweiz würde bereits die alltägliche Ernährung zu einer Aufgabe, die sich kaum oder nur mit immensem Zeitaufwand bewältigen ließe, wenn man sich die entsprechende Handlungskette vor Augen führt, von der Planung der Mahlzeiten über die Beschaffung sämtlicher erforderlichen Zutaten über die Zubereitung der Mahlzeiten bis hin zur Entsorgung der Reste. Vielmehr stellen viele Konsumhandlungen mehr oder weniger ausgeprägte Routinen dar (und das betrifft sowohl die Handlung selbst wie auch das in Anspruch genommene Gut). Konsumhandlungen lassen sich also auch dahingehend unterscheiden, wie reflektiert sie erfolgen, d.h. auch die Bewusstheit ist eine zu beachtende Dimension (s. Kaufmann-Hayoz et al. 2011 sowie Abb. 2).

Dass menschliche Individuen die Möglichkeit haben sollen, ihr Leben und ihren Alltag nach eigenem Ermessen und entsprechend ihren persönlichen Vorstellungen eines erfüllten Lebens zu gestalten, ist in einer freiheitlichen, rechtsstaatlichen und demokratischen Gesellschaft gleichermaßen Prämisse und Ziel. Gleichzeitig ist klar, dass die Rede von individueller Freiheit auch einen Mythos darstellt. Konsumhandlungen werden nicht in vollkommener individueller Freiheit getätigt. Vielmehr sind die Freiheitsgrade unterschiedlich ausgeprägt, d.h. einmal sind diese grösser, einmal sind sie kleiner. Diese Freiheitsgrade hängen vom Individuum selbst ab, d.h. von seinen individuellen Eigenschaften und Fähigkeiten, sie hängen aber auch von der Umwelt ab, in der ein Individuum lebt, und zwar bis hin zu den naturräumlichen, physisch-klimatischen Bedingungen. Die Freiheitsgrade hängen aber auch ab von den zur Verfügung stehenden Gütern, und das betrifft sowohl das Angebot an Gütern insgesamt als auch die Vielfalt an Nutzungsmöglichkeiten, die einzelne Güter bieten oder eben auch nicht. Die dritte relevante Dimension ist also die Prästrukturierung (s. Kaufmann-Hayoz et al. 2011 sowie Abb. 2).

Schließlich sind Konsumhandlungen immer kulturell eingebettet und geformt durch soziale Interaktionen sowie durch institutionelle, soziotechnische und räumliche Bedingungen. Dies wiederum wirkt sich auf alle drei genannten Dimensionen von Konsumhandeln aus, auf die Bedeutung ebenso wie auf den Bewusstheitsgrad und den Freiheitsgrad. Diese Dimensionen des Konsumhandelns können also nur angemessen erfasst werden, wenn der soziale, kulturelle und materielle Kontext, in dem das Handeln stattfindet, berücksichtigt wird. Dieser Kontext lässt sich analytisch in verschiedene Ebenen gliedern, und alle diese Ebenen beeinflussen die drei Dimensionen. All dies steckt auch den Rahmen individueller Freiheit im Konsumhandeln ab, d.h. Freiheit in einem davon losgelösten, absoluten Sinne gibt es nicht; Konsum ist, mit anderen Worten, nie ausschließlich ‚individuell‘.

Das Konsumhandeln von Individuen und Haushalten ist also in zweifacher Hinsicht komplex: Es besteht aus einer Vielzahl verwobener Handlungen mit multiplen Zielen, und es ist eingebettet in eine Vielzahl von Faktoren, die dieses Handeln mitbeeinflussen. Das Konsumhandeln von Individuen und Haushalten bildet so gesehen ein „ausbalanciertes Mobile", in dem jedes Element auf alle anderen einwirkt (Blättel-Mink et al. 2013, S. 93ff).

Abb. 2: Der Würfel zeigt erstens die verschiedenen Dimensionen, die zu berücksichtigen sind, wenn es darum geht, Konsumhandlungen zu erfassen:
Den Bewusstheitsgrad, d.h. wie sehr es sich um eine reflektierte oder um
eine nicht reflektierte Handlung handelt, die Bedeutung, d.h. welchen
Stellenwert die Handlung hat bezogen auf die individuelle Vorstellung
eines erfüllten Lebens, und den Freiheitsgrad, d.h. wie groß oder klein
dieser ist. Zweitens zeigt der Würfel die Ebenen der kontextuellen Einbettung von Konsumhandlungen.

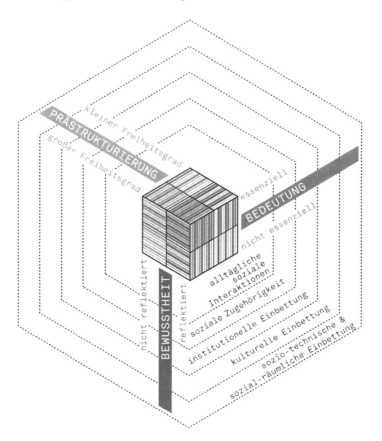

Quelle: Defila et al. 2014 (übersetzt ins Deutsche durch den Autor und die Au-
torinnen)

Soll nun das Konsumhandeln von Individuen und Haushalten Richtung Nachhaltigkeit im Konsum verändert werden, ist es nicht sinnvoll,
und zwar weder mit Blick auf das Ziel der Veränderung noch mit Blick auf

das Herbeiführen der Veränderung, einzelne Teile daraus isoliert in den Blick zu nehmen, also ethische Maßstäbe an einzelne Elemente dieses Handelns anzulegen und lediglich kleine Schritte anzustreben. Bereits die Betrachtung nur allein der umweltbezogenen Wirkungen an einem Beispiel lässt schnell erkennen, dass es nicht möglich ist, einzelne Güter oder Handlungen als eineindeutig schädlich bzw. unschädlich für die Umwelt zu bezeichnen, weil deren ökologische Wirkungen handlungs- und situationsabhängig sind. So sind bei einem Produkt wie einem Surfbrett aus ökologischer Sicht wohl weder die Auswahl noch die Lagerung besonders bedenklich, vermutlich aber wohl die Art und Weise der Nutzung, und bezogen auf diese wiederum dürfte die Bedenklichkeit sowohl davon abhängen, wo die nutzende Person lebt, als auch davon, wohin und wie diese zum Surfen reist. Es können also sehr unterschiedliche Einzel-Handlungen sein, die über die ethische Erwünschtheit des Konsumhandelns entscheiden, und ein und dieselbe Einzel-Handlung kann je nach situativem Kontext positiv, neutral oder negativ sein. Und bezogen auf das Herbeiführen von Veränderungen vernachlässigt eine auf einzelne Handlungen abzielende Vorgehensweise, dass jede Veränderung eine Vielzahl direkter und indirekter Veränderungen in ganz anderen Lebensbereichen nach sich zieht (s. Defila et al. 2018).

Sowohl bei der Bestimmung des Ziels nachhaltigen Konsums als auch bei der Bestimmung der möglichen Wege dahin gilt es also erstens, nicht auf Konsumverzicht zu setzen, sondern die Funktionen von Konsum ernst zu nehmen. Zudem gilt es zweitens, den Blick nicht isoliert auf einzelne Güter und/oder auf einzelne Handlungen zu richten. Fundamentale Änderungen herbeiführen bedeutet vor diesem Hintergrund, die positiv konnotierten Funktionen von Konsum in Wert und die negativ konnotierten außer Kraft zu setzen, das ‚Mobile' als Ganzes zu ändern und nicht nur Teile daraus, und den Prozess der Veränderung so zu gestalten, dass sich das ‚Mobile' sinnvoll neu ausbalancieren kann.

So lange der Blick hingegen lediglich auf dessen Teile gerichtet bleibt, so lange werden, das die erste These, Rebound-Effekte und andere unerwünschte Effekte sämtliche Fortschritte wieder zunichte machen. Die zweite These: Versucht man das Konsumhandeln dadurch zu verändern, dass man das Vermeiden negativer Umweltfolgen (oder negativer sozialer Folgen) losgelöst von den Konsum-Zwecken eines Individuums zum Ziel erhebt, ist dies zum Scheitern verurteilt, weil es das Zweck-Mittel-Verhältnis auf den Kopf stellt.

3. Zielbezogen: Was ist nachhaltiger Konsum?

3.1 Das Kernanliegen von Nachhaltigkeit ist ein gutes Leben für alle Menschen, raum- und zeitübergreifend

Die Idee der Nachhaltigkeit ist eine normative politische Idee, die nicht nur dazu dienen soll, der gesellschaftlichen Entwicklung national und international ein positiv gefasstes Ziel zu setzen, sondern auch dazu, menschliches Handeln zu beurteilen. Im Folgenden soll es nicht darum gehen, diese Idee in all ihren Facetten auszubreiten. Vielmehr geht es in einem ersten Schritt lediglich darum, die ethischen Forderungen zusammenfassend zu umreißen, die sich aus der Idee der Nachhaltigkeit ergeben und die dazu dienlich sind, das Ziel, um das es hier geht, also nachhaltigen Konsum, näher zu bestimmen. Diese Forderungen werden anschließend in einem zweiten Schritt auf das Konsumhandeln übertragen, um daraus dann Folgerungen zu ziehen mit Blick auf die Frage, wie Konsumhandeln aus der Perspektive der Nachhaltigkeit zu beurteilen wäre.

Den nachfolgenden Überlegungen liegt die Idee der Nachhaltigkeit zu Grunde, wie sie von den Vereinten Nationen entwickelt wurde, d.h. wie sie sich in den offiziellen Dokumenten aus den Jahren 1987 bis 2002 herauskristallisiert hat (seither kamen zwar neue Dokumente hinzu, darunter auch die Liste der SDG, an der begrifflichen Bedeutung der Idee der Nachhaltigkeit hat sich aber nichts geändert). Diese Idee besagt (Di Giulio 2004, S. 308; s. aber z.B. auch Manstetten 1996; Michaelis 2000; Rauschmayer et al. 2011), dass sich die globale, regionale und nationale Entwicklung der menschlichen Gesellschaft am umfassenden, übergeordneten Ziel auszurichten hat, die Bedürfnisse aller Menschen – gegenwärtiger wie künftiger – zu befriedigen und allen Menschen ein gutes Leben zu gewährleisten.

Die Idee der Nachhaltigkeit ist also in diesem Verständnis untrennbar mit der Aufforderung verknüpft, sich mit der Frage zu beschäftigen, was ein gutes Leben ausmacht. Die Frage nach dem guten Leben ist nachgerade die eigentliche Kernfrage einer Nachhaltigen Entwicklung. Damit stellt sich die Frage, was mit dem Begriff des guten Lebens gemeint sein kann, d.h. was genau es zu gewährleisten gilt. Eine Antwort in vier Teilen lautet (basierend auf Di Giulio 2004, 2008; Di Giulio et al. 2010):

Teil 1: Der Begriff des guten Lebens ist hier nicht ethisch zu verstehen, d.h. es kann nicht um ein gutes Leben in einem moralischen Sinne gehen, sondern um ein gutes Leben im Sinne von Lebensqualität. Das geht eindeutig aus dem Kontext hervor. Es soll also nicht gewährleistet werden, dass alle Menschen ein moralisch gutes Leben führen. Vielmehr soll allen Menschen Lebensqualität gewährleistet werden. Um dies tun zu können, ist es unerlässlich, dieses gute Leben, das für alle Menschen gewährleistet werden soll, konkreter zu fassen. Andernfalls bleibt dieses Ziel inhaltsleer, kann deshalb mit beliebigen Inhalten gefüllt werden und ist daher keine verbindliche Grundlage für die gesellschaftliche Steuerung, weder national noch international.

Teil 2: Nachhaltigkeit als ethische Forderung richtet sich sowohl an Einzelpersonen als auch an Nationalstaaten und die Staatengemeinschaft. Es geht um das gute Leben von Individuen, und aufgerufen zu dessen Gewährleistung ist die nationale und internationale Gemeinschaft. Das gute Leben muss für diesen Kontext also inhaltlich so gefasst werden, dass nicht nur Individuen, sondern auch Staaten darauf verpflichtet werden können, es zu gewährleisten. Staaten können nicht dazu verpflichtet werden, allen Menschen die Erfüllung ihrer individuellen Vorlieben, Neigungen und Wünsche zu garantieren, und erst recht nicht dazu, jedem einzelnen Menschen subjektives Wohlbefinden zu garantieren. Das gute Leben kann also nicht verstanden werden als Erfüllung individueller Vorlieben, Neigungen und Wünsche oder als das Vorhandensein subjektiven Wohlbefindens. Das gute Leben ist inhaltlich so zu fassen, dass universal gültige Elemente eines guten Lebens formuliert werden, unabhängig von individuellen Vorlieben, Neigungen und Wünschen, und so, dass eine Grundlage zur Verfügung gestellt wird, um zwischen Anliegen zu unterscheiden, für die einer Gemeinschaft eine Verantwortung zugeschrieben werden kann und soll, und Anliegen, bei denen dies nicht der Fall ist. Obwohl also das Ziel, für alle Menschen ein gutes Leben zu gewährleisten, Individuen in den Blick nimmt, ist die Bestimmung dieses Ziels, das gute Leben, keine ausschließlich vom Individuum ausgehende Angelegenheit, sondern eine individuumsübergreifende.

Teil 3: Mit der Idee der Nachhaltigkeit ist ein globaler und langfristiger (generationenübergreifender) Anspruch verbunden. Gleichzeitig ist die Idee der Nachhaltigkeit eine regulative Idee, deren konkreter Gehalt in jeder Generation neu ausgehandelt und bestimmt werden muss (s. auch Hirsch Hadorn und Brun 2007). Das gute Leben, das allen Menschen gewährleistet werden soll, kann deshalb inhaltlich nicht so gefasst werden, dass die Antwort vollständig kultur- und zeitabhängig ausfällt, d.h. ein kulturrelativistischer Ansatz würde der Idee nicht gerecht. Es kann aber auch nicht in zu konkreter Form präzisiert werden, indem z.B. in Euro, Franken oder Dollar angegeben wird, wie hoch das Einkommen eines jeden Menschen sein soll, oder in Kilowattstunden, wie viel Energie jedem Menschen zur Verfügung stehen muss. Die Konkretisierung ist im Detail abhängig davon, in welcher Weltregion und in welchem kulturellen Umfeld Menschen leben und welches der Stand der Technik ist, sie lässt sich also weder pauschal noch bezogen auf einen langen Zeitraum so detailliert vornehmen. Die nähere Bestimmung eines guten Lebens muss also so inhaltsreich und konkret erfolgen, dass sie bindend sein kann, und gleichzeitig muss sie so abstrakt erfolgen, dass sie sowohl zeit- und kulturübergreifend gelten als auch zeit- und kulturspezifisch weiter konkretisiert werden kann.

Teil 4: Mit dem Begriff des guten Lebens kann nicht gemeint sein, dass Menschen vorgeschrieben wird, wie sie ihr Leben zu leben haben, d.h. es kann nicht darum gehen, konkrete und standardisierte Vorgaben für die individuelle Lebensgestaltung zu formulieren. Abgesehen davon, dass es wohl kaum gelingen dürfte, eine bestimmte Form der Lebensführung als universal geltende zu begründen und global durchzusetzen, wäre es mit den abendländischen Vorstellungen von Demokratie und individueller Freiheit unverträglich, einen Staat darauf zu verpflichten, in seinem Hoheitsgebiet eine bestimmte Form der Lebensführung durchzusetzen. Die Verpflichtung für Staaten und Individuen besteht lediglich darin, für alle Menschen Bedingungen zu schaffen und zu erhalten, die es ihnen ermöglichen, ihr individuelles Leben so zu leben, dass sie dieses als erfülltes Leben empfinden (nach Maßgabe einer universalen Definition, worin ein gutes Leben besteht, s. oben). Gleichzeitig basiert die Idee der Nachhaltigkeit auf der Prämisse, dass viele Ressourcen, die es den Menschen ermöglichen, ein erfülltes Leben zu leben, nicht unbegrenzt zur Verfügung stehen. Dies betrifft natürliche ebenso wie gesellschaftliche Ressourcen, es betrifft die Quantität ebenso wie die Qualität, und es beinhaltet, dass Menschen Ursache der Verminderung bzw. Verschlechterung von Ressourcen sein können. Das gute Leben ist inhaltlich deshalb so zu fassen, dass eine Grundlage zur Verfügung gestellt wird, um zwischen legitimen und nicht legitimen Anliegen zu unterscheiden, und so, dass eine Grundlage zur Verfügung steht, um menschliches Handeln, das mit Blick auf das gute Leben Dritter schädlich ist, zu identifizieren und zu vermeiden. Der Begriff des guten Lebens ist im Kontext der Nachhaltigkeit daher mit dem Begriff der Gerechtigkeit zu verknüpfen.

Entsprechend der Definition von Nachhaltigkeit gilt es, den Begriff der Bedürfnisse einzugrenzen und in Beziehung zu setzen zum Begriff des guten Lebens (s. dazu auch Di Giulio et al. 2010): Der Begriff des guten Lebens betont erstens die Notwendigkeit eines positiven Zugangs, d.h. der Begriff betont, dass es nicht um das physische Überleben geht, sondern um ein erfülltes Leben. Zweitens betont der Begriff die Notwendigkeit eines ahistorischen Zugangs, d.h. der Begriff betont, dass nach einem Anknüpfungspunkt zu suchen ist, der zwar den Menschen als Gattung voraussetzt, der aber beanspruchen kann, für x-beliebige menschliche Subjekte zu gelten, wann auch immer und wo auch immer sie existieren (werden). Der

Begriff der Bedürfnisse wiederum betont die Notwendigkeit einer Ankopplung an existierende menschliche Subjekte, an deren Wollen und Fühlen (s. dazu auch Soper 2006). Damit betont der Begriff erstens, dass es um das gute Leben jedes einzelnen Individuums geht, und zweitens, dass das subjektive Empfinden auch dann ausschlaggebend sein muss, wenn man von Universalien, und damit von objektiven Zuschreibungen, ausgeht. Der Begriff der Bedürfnisse und der Begriff des guten Lebens ergänzen sich, indem sie unterschiedliche Aspekte in den Vordergrund stellen.

Es gilt also, eine Bestimmung des guten Lebens vorzunehmen, die es erlaubt, das subjektive Empfinden von Individuen in Beziehung zu setzen zu universalen Elementen eines guten Lebens, dabei nicht von Defiziten, sondern von Lebensqualität auszugehen, und schließlich die individuelle Freiheit gleichzeitig sowohl zu beachten als auch mit Blick auf das gute Leben Dritter zu beschränken. Um vor diesem Hintergrund eine nähere Bestimmung des guten Lebens für den Kontext der Nachhaltigkeit vorzunehmen, bietet es sich erstens an, von anthropologischen Ansätzen auszugehen, d.h. von Ansätzen, die versuchen, die menschliche Natur zu fassen und daraus Folgerungen zu ziehen mit Blick auf ein erfülltes menschliches Leben (ein besonders bekanntes Beispiel dürfte der Capability-Ansatz sein, vertreten z.B. von Martha Nussbaum (z.B. 1992, 2006)). Zweitens bietet es sich an, die Konkretisierung anhand des Ansatzes objektiver Bedürfnisse vorzunehmen, d.h. eines Ansatzes, wonach Wollens-Konstrukte maßgeblich sind und wonach es möglich ist, subjektunabhängig universale Konstrukte des Wollens zu benennen, auf die sich individuell empfundene Konstrukte des Wollens beziehen lassen (zum Begriff der Bedürfnisse s. z.B. Costanza et al. 2007; Max-Neef 1991; Soper 2006).

Gesucht sind demnach Bedürfnisse, die sich im Kontext Nachhaltiger Entwicklung dazu eignen, das gute Leben generations- und kulturübergreifend inhaltlich so zu fassen, dass beides möglich ist, nationale und nationenübergreifende Verbindlichkeit und kulturelle sowie individuelle Freiheit (wobei Letzteres, s. oben, nicht gleichbedeutend ist mit einem individualistischen Ansatz im Sinne eines methodologischen Individualismus). Mit solchen objektiven Bedürfnissen sollte weder beansprucht werden, das menschliche Wollen in toto abzubilden, noch, alles zu erfassen, was für ein konkretes Individuum nötig ist, damit dieses sein individuelles Leben als erfüllt empfindet. Es sollte aber beansprucht werden, dasjenige menschliche Wollen abzubilden, das für ein menschliches Individuum übersituativ entscheidend ist, damit es ein erfülltes Leben führen kann, und das gleichzeitig eine gemeinschaftliche Verantwortung begründen kann. Es gilt, mit anderen Worten, dasjenige menschliche Wollen zu benennen, das mit Blick auf ein gutes Leben eines besonderen Schutzes bedarf und diesen auch beanspruchen darf. Solche objektiven Bedürfnisse nennen wir, Rico Defila und ich, „Geschützte Bedürfnisse" (Di Giulio und Defila im Druck).

Soll das Konsumhandeln von Individuen und Haushalten Richtung Nachhaltigkeit verändert werden, sollte dazu die Idee der Nachhaltigkeit als Ziel und Richtschnur dienen. Dabei lediglich Elemente dieser Idee in den Blick zu nehmen, wie etwa Ressourcenknappheit, wäre gleichbedeutend damit, kleine Schritte statt einer tief greifenden Veränderung anzustreben.

3.2 Nachhaltig ist Konsumhandeln dann, wenn es zu einem gutem Leben Dritter beiträgt

Das bisher Gesagte auf das Konsumhandeln von Individuen und Haushalten zu übertragen, bedeutet, dass sich die Nachhaltigkeit von Konsumhandeln am Beitrag bemisst, den dieses Handeln dazu leistet, dass Menschen auf der ganzen Welt, in Gegenwart und Zukunft, die Möglichkeit haben, ein Leben zu führen, das sie als erfüllt wahrnehmen (s. Fischer et al. 2011). Trägt das Konsumhandeln von Individuen und Haushalten dazu bei, dass sich für andere Menschen die Bedingungen dafür, ein gutes Leben führen zu können, verbessern (bzw. dass sie erhalten bleiben), ist dieses Handeln nachhaltig. Ein Konsumhandeln, das zur Folge hat, dass sich diese Bedingungen verschlechtern, ist nicht nachhaltig.

Nachhaltigen Konsum so zu definieren, hat Konsequenzen sowohl für die Zwecke von Konsumhandlungen, also für die Wollens-Konstrukte, die mittels Konsumhandlungen befriedigt werden, als auch für die dazu gewählten Mittel, die Satisfier (s. Di Giulio et al. 2011):

Bezogen auf die Zwecke gilt es zu unterscheiden zwischen Zwecken, die als geschützt gelten dürfen, das wären „Geschützte Bedürfnisse" (die in diesem Sinne „objektive Bedürfnisse" darstellen), und Zwecken, die nicht gleichermaßen geschützt sind, das wären „subjektive Wünsche":

Geschützte Bedürfnisse sind individuelle Konstrukte des Wollens, die sich nachvollziehbar auf eine universale Liste Geschützter Bedürfnisse beziehen. Geschützte Bedürfnisse sind ein Selbstzweck, zu dessen Erfüllung Konsumgüter in Anspruch genommen werden (der Umkehrschluss, wonach alle solche Bedürfnisse vollumfänglich durch Konsumgüter befriedigt werden können, ergibt sich daraus selbstverständlich nicht). Geschützte Bedürfnisse stehen ethisch nicht zur Disposition, d.h. Individuen haben den Anspruch, solche Bedürfnisse mittels des eigenen Konsumhandelns zu befriedigen (es besteht aber keine Pflicht für Individuen, entsprechende Wollens-Konstrukte auszubilden).

Subjektive Wünsche sind demgegenüber individuelle Konstrukte des Wollens, die sich nicht nachvollziehbar auf eine universale Liste Geschützter Bedürfnisse beziehen und daher nicht den Status legitimer Bedürfnisse beanspruchen können. Subjektive Wünsche sind ein Selbstzweck, zu dessen Erfüllung Konsumgüter in Anspruch genommen werden (was auch hier nicht bedeutet, dass die Befriedigung subjektiver Wünsche vollumfänglich durch Konsumgüter erfolgt). Subjektive Wünsche sind nur so weit legitim, als in ihrer Realisierung andere Menschen nicht an der Befriedigung Geschützter Bedürfnisse gehindert werden, d.h., sie stehen ethisch zur Disposition. Menschen haben also keinen Anspruch darauf, dass sie sich subjektive Wünsche erfüllen können, geschweige denn, dass die Gesellschaft verpflichtet wäre, ihnen die Erfüllung dieser Wünsche zu ermöglichen. Solche Wünsche sind aber auch nicht per se unmoralisch oder gehören gar verboten. Vielmehr dürfen Menschen solche Wünsche ausleben, aber nur so lange und so weit, wie dies keine Beeinträchtigung darstellt für andere Menschen, jetzt und in Zukunft, ihre Geschützten Bedürfnisse zu befriedigen. Subjektive Wünsche dürfen also dann nicht verwirklicht werden, wenn ihre Verwirklichung die Bedingungen zur Befriedigung Geschützter Bedürfnisse Dritter gefährdet, wenn die Befriedigung subjektiver Wünsche und die Befriedigung Geschützter Bedürfnisse also kollidieren. Geschützte Bedürfnisse begründen damit nicht nur einen individuellen Anspruch, sondern auch eine Grenze für das individuelle Konsumhandeln, und diese Grenze ist die Möglichkeit Dritter, Geschützte Bedürfnisse befriedigen zu können.

Bezogen auf die Satisfier gilt es ebenfalls zu unterschieden zwischen solchen, die zur Disposition stehen, und solchen, die nicht zur Disposition stehen, bzw. solchen, die zu gewährleisten sind, und solchen, für die keine Pflicht zur Gewährleistung besteht (s. dazu z.B. auch Cruz 2011; Jackson et al. 2004; Rauschmayer et al. 2011): Im Unterschied insbesondere zu Geschützten Bedürfnissen sind die Mittel zu deren Befriedigung (Güter und Handlungen) instabil, d.h. sie verändern sich über Raum und Zeit hinweg. Zudem kann ein und dasselbe Wollens-Konstrukt oft mit unterschiedlichen Mitteln erreicht werden, d.h. auch die Verbindung zwischen Wollens-Konstrukt und Mittel ist instabil. Schließlich kann ein Mittel unterschiedlich bedeutsam sein mit Blick auf seine Eignung, Wollens-Konstrukte zu befriedigen. Entsprechend lässt sich unterscheiden zwischen (1) Mitteln, die unabdingbar sind, um eines oder mehrere Geschützte Bedürfnisse zu befriedigen, (2) Mitteln, die sich zur Befriedigung Geschützter Bedürfnisse eignen (bezogen auf eines oder mehrere Bedürfnisse), und (3) Mitteln, die sich nicht eignen, um Geschützte Bedürfnisse zu befriedigen bzw. die dem sogar abträglich sind. Geschützte Bedürfnisse begründen einen Anspruch von Individuen auf diejenigen Satisfier, die unabdingbar sind, um Geschützte Bedürfnisse zu befriedigen. Konsumgüter und Konsumhandlungen, die zur ersten Gruppe gehören, stehen deshalb ethisch nicht zur Disposition, d.h. es besteht eine Verpflichtung, diese allen Menschen zur Verfügung zu stellen bzw. allen Menschen entsprechende Handlungen zu ermöglichen, unabhängig davon, ob ein Individuum davon Gebrauch macht oder nicht. Konsumgüter und Konsumhandlungen hingegen, die zur zweiten und zur dritten Gruppe gehören, stehen grundsätzlich ethisch zur Disposition, d.h. diese dürfen zwar von Individuen in Anspruch genommen werden, aber nur so lange, als dies andere Menschen nicht daran hindert, ihre Geschützten Bedürfnisse zu befriedigen, bzw. nur so lange, als es die als unabdingbar erachteten Mittel zur Befriedigung Geschützter Bedürfnisse Dritter nicht gefährdet (weder hinsichtlich Quantität noch hinsichtlich Qualität). Die Herausforderung besteht dabei darin, dass ein und dasselbe Mittel je nach Kontext zur ersten Gruppe, zur zweiten oder zur dritten gehören kann, d.h. die Frage, ob ein Mittel unabdingbar ist, lässt sich nicht absolut bestimmen, sondern hängt von situativen Bedingungen ab.

Sinnvollerweise wird auch unterschieden zwischen Satisfiern und Ressourcen. Menschen nehmen zur Befriedigung ihrer Bedürfnisse und Wünsche natürliche Ressourcen manchmal direkt (z.B. Stille, Landschaft), öfter jedoch indirekt (z.B. Energie) in Anspruch. Nutzung/Verbrauch von Ressourcen ist dabei nie Zweck. Aber auch bei einer indirekten Inanspruchnahme sind natürliche Ressourcen nicht Mittel zum Zweck im Sinne von Satisfiern. Natürliche Ressourcen sind bei einer indirekten Inanspruchnahme vielmehr so etwas wie Mittel zweiter Ordnung, die bei Konsumhandlungen beansprucht werden. Aus ethischer Sicht gilt bezogen auf natürliche Ressourcen dasselbe wie das, was für die Satisfier gilt, d.h. natürliche Ressourcen dürfen nur so weit in Anspruch genommen werden, als deren Inanspruchnahme andere Menschen nicht an der Befriedigung Geschützter Bedürfnisse hindert. Zusätzlich ist jedoch der Umfang, in dem natürliche Ressourcen in Anspruch genommen werden dürfen, abhängig von der (in Gegenwart und Zukunft) vorhandenen Menge an Ressourcen, genauer gesagt von Annahmen über die vorhandene Menge an Ressourcen, deren Regenerierbarkeit, die Tragfähigkeit von Ökosystemen etc. Analoges gilt für gesellschaftliche Ressourcen.

Um die Nachhaltigkeit von Konsumhandlungen zu bestimmen, bedarf es also zweier Herangehensweisen. Eine ist gewissermaßen positiv, indem sie das Ziel solchen Konsums bestimmt und daraus individuelle Ansprüche sowie individuelle und gesellschaftliche Pflichten herleitet. Eine ist gewissermaßen negativ, indem sie den Rahmen individueller Freiheit absteckt. Beide Herangehensweisen führen noch nicht zu einem konkreten Maßstab, der an das konkrete Konsumhandeln angelegt werden kann. Sie zeigen aber die Herausforderung auf, die es zu meistern gilt, und sie weisen auf Wege hin, wie solche Maßstäbe entwickelt werden können: Während es möglich scheint, eine Liste Geschützter Bedürfnisse zu erstellen, die eine gewisse Stabilität und kulturübergreifende Gültigkeit beanspruchen darf,[2] ist es nicht möglich, dasselbe für die Satisfier zu tun. Bezogen auf diese gilt es vielmehr, sie kultur- und zeitspezifisch zu bestimmen und diese Bestimmung stets zu prüfen und anzupassen.

Eine fundamentale Veränderung des Konsumhandelns Richtung Nachhaltigkeit herbeizuführen, bedeutet erstens, diese Pflicht und diese Freiheits-Beschränkung zur Richtschnur zu erheben, und zwar auf der gesellschaftlichen wie auf der individuellen Ebene, womit Gerechtigkeit zu einem wesentlichen Merkmal nachhaltigen Konsums wird. Es bedeutet zweitens, auf der gesellschaftlichen Ebene einen Mechanismus einzuführen, der sich an Geschützten Bedürfnissen orientiert und bezogen darauf eine laufende Justierung und Beurteilung der Konsumhandlungen und Konsumgüter vorsieht, und zwar immer unter der Prämisse, dass es allen Menschen möglich sein soll, ihr Leben nach eigenem Ermessen zu gestalten, d.h., dass die individuelle und kulturelle Identität und Freiheit von Menschen ebenfalls zu gewährleisten ist. Das wiederum ist keine kleine Aufgabe, und sie geht weit über das hinaus, was Konsumpolitik in der Regel umfasst.

4. Transformationsbezogen: Wie könnte Nachhaltigkeit im Konsum erreicht werden?

In diesem Abschnitt soll ein Mechanismus vorgestellt werden, der den Anforderungen Rechnung trägt, die in den vorausgehenden Ziffern dargestellt sind, der sich also eignen würde, um eine fundamentale Änderung des Konsumhandelns in Richtung Nachhaltigkeit herbeizuführen. Dieser Vorschlag wiederum ist aus einer mehrjährigen inter- und transdisziplinä-

---

2 Eine Liste Geschützter Bedürfnisse wurde in einem von der Autorin gemeinsam mit Rico Defila geleiteten Projekt erarbeitet und einer empirischen Überprüfung in der Schweiz unterzogen (Di Giulio und Defila im Druck). Die noch nicht publizierten empirischen Ergebnisse lassen diesen Schluss zu.

ren Zusammenarbeit erwachsen (s. Defila et al. 2011; Blättel-Mink et al. 2013).

4.1 Konsum-Korridore als ein Weg zur konkreten Bestimmung und Umsetzung nachhaltigen Konsums

Der Kern dieses Vorschlags lautet (s. ausführlicher Blättel-Mink et al. 2013, S. 33ff): Damit alle Menschen auf der Welt, jetzt und in Zukunft, ihre Geschützten Bedürfnisse befriedigen können, ist dafür zu sorgen, dass alle Menschen Zugang haben zu den dafür unabdingbaren Satisfiern und Ressourcen. Dazu sollen gesellschaftliche Leitplanken erarbeitet werden, die von Geschützten Bedürfnissen ausgehen und festlegen, welche Ausstattung mit Satisfiern und/oder (natürlichen wie gesellschaftlichen) Ressourcen erforderlich ist, um diese zu befriedigen und deshalb allen Menschen minimal zustehen soll – das sind Minima des Konsums. Um die minimale Ausstattung für alle zu gewährleisten, werden Obergrenzen entwickelt, die nicht überschritten werden dürfen. Diese Maxima des Konsums sind das, was die Befriedigung Geschützter Bedürfnisse anderer Menschen jetzt oder in Zukunft gefährdet, wenn es durch den Konsum eines Individuums oder einer Gruppe überschritten wird. Entsprechend sollen die gesellschaftlichen Leitplanken auch festlegen, welche Ausstattung mit Satisfiern und/ oder (natürlichen wie gesellschaftlichen) Ressourcen allen Menschen maximal zustehen soll. Solche Unter- und Obergrenzen bilden einen „Konsum-Korridor", innerhalb dessen Menschen nach ihren individuellen Vorstellungen ein erfülltes Leben führen können, ohne damit anderen Menschen diese Möglichkeit zu nehmen (s. Abb. 3). Konsum-Korridore werden also bestimmt durch Minimal-Standards des Konsums, die es jedem Menschen erlauben, ein gutes Leben nach eigenen Vorstellungen zu führen, und durch Maximal-Standards des Konsums, die verhindern, dass das Konsumhandeln diese Möglichkeit für Dritte in Gegenwart und Zukunft gefährdet. Der Konsum von Individuen und Haushalten ist dann nachhaltig, wenn er sich in diesem Korridor bewegt.

Der Vorschlag, Konsum-Korridore umzusetzen als Mechanismus zur konkreten Bestimmung und Umsetzung von nachhaltigem Konsum, ist auch ein Vorschlag zur Versöhnung potentiell konfligierender Vorstellungen von Lebensqualität, einer individuell-subjektiv bestimmten („meine persönliche Lebensqualität") und einer überindividuell-objektiv bestimmten („die Lebensqualität, die durch eine Nachhaltige Entwicklung allen Menschen ermöglicht werden sollte"). Konsum-Korridore lassen Freiraum für die Realisierung individueller Lebenspläne und -entscheidungen und gewährleisten gleichzeitig, dass alle Menschen ein erfülltes Leben führen können.

Abb. 3: „*Konsum-Korridore", d.h. Korridore nachhaltigen Konsums, gehen von Bedürfnissen aus und sind durch minimale und maximale Standards des Konsums definiert. Die Korridore müssen gesellschaftlich ausgehandelt und regelmäßig angepasst werden.*

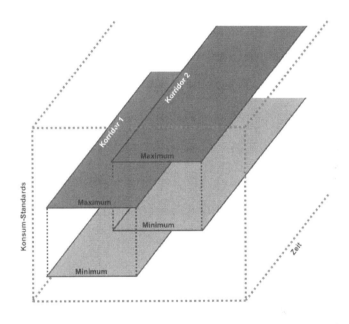

Quelle: Di Giulio und Fuchs 2016, S. 154

Aus Abbildung 3 geht hervor, dass nicht davon auszugehen ist, dass sich ein einziger Korridor definieren ließe, der sich auf das ganze Konsumhandeln bezieht. Vielmehr ist davon auszugehen, dass es mehrere Korridore würde geben müssen, die jeweils eine Sinneinheit bilden, die sich also auf verschiedene Bereiche des Konsumhandelns beziehen. Korridore können sich auch überlappen. Ihre Zahl, das Ausmaß an Überschneidungen und die Entscheidung darüber, ob bzw. in welchem Ausmaß sie sich auf Satisfier und in welchem sie sich auf Ressourcen beziehen, hängen davon ab, wie viele Bezugspunkte (Konsumfelder, Kategorien ökologischer und gesellschaftlicher Auswirkungen etc.) sich als sinnvoll erweisen werden und wie disjunkt diese sein werden.

Minima und Maxima folgen nicht zwingend dem simplen Muster „1 Jeans mindestens und 4 Jeans maximal". Vielmehr können Unter- und Obergrenzen unterschiedlich definiert sein. Ein Beispiel für einen solchen Korridor, auch wenn dieser aus dem Bereich der Bildung kommt und nicht aus dem Bereich des Konsums: Die Ressource primäre Bildung hat in der Schweiz eine Untergrenze, nämlich die Schuljahre, die ein Kind in der Schweiz mindestens unterrichtet werden muss. Eine Obergrenze, die diese Ressource nach oben limitiert, ist das staatlich finanzierte Betreuungsverhältnis, d.h. das Lehrer(innen)-Schüler(innen)-Verhältnis. Dieses Beispiel macht auch klar, dass die Vorstellung von Unter- und Obergrenzen, die das individuelle und kollektive Handeln eingrenzen, weder neu noch komplett abwegig ist. An diesem Beispiel wird schließlich deutlich, dass sich Konsum-Korridore zwar auf das Handeln von Individuen und Haushalten beziehen, dass sie aber nicht zwingend so umgesetzt werden sollten, dass Individuen vorgeschrieben wird, wie viel wovon sie konsumieren dürfen, sondern dass geprüft wird, welche Korridore sich durch Institutionen und Infrastrukturen umsetzen ließen.

Um Konsum-Korridore konkret zu entwickeln, gilt es, erstens, Geschützte Bedürfnisse zu identifizieren, um diese unterscheiden zu können von anderen Konstrukten des Wollens, die nicht gleichermaßen legitim sind. Es gilt zweitens, die Satisfier und/oder Ressourcen zu identifizieren, die erforderlich sind, um die Geschützten Bedürfnisse zu befriedigen, und es gilt zu bestimmen, was die Anforderungen an diese sind hinsichtlich Menge und Qualität. Es gilt drittens, die Satisfier und/oder Ressourcen zu identifizieren, die durch das Konsumhandeln von Individuen und Haushalten quantitativ oder qualitativ beeinträchtigt werden können. Bezogen auf diese Satisfier und/oder Ressourcen wiederum gilt es viertens, Unter-Grenzen des Nötigen (das wäre das Minimum) und Ober-Grenzen des Erlaubten (das wäre das Maximum) zu definieren (die Obergrenze wäre idealiter auch die Grenze, ab der keine substantielle Verbesserung des Wohlbefindens zu erwarten ist). Alle diese Schritte erfordern sowohl eine wissenschaftliche Herangehensweise als auch eine gesellschaftliche Aushandlung, und alle Festlegungen wären nicht ein für allemal möglich, sondern müssten dynamisch (aber nicht willkürlich) an Entwicklungen und neue Einsichten angepasst werden. Diese Anpassungen würden auch mit sich bringen, dass regelmäßig eine gesellschaftliche Diskussion und Reflexion darüber stattfinden müsste, worin ein gutes Leben besteht und was auf gesellschaftlicher Ebene benötigt wird, um Menschen zu ermöglichen, ein gutes Leben zu führen.

Der Vorschlag, Konsum-Korridore zu entwickeln, hat eine Verwandtschaft mit anderen Vorschlägen, allen voran mit Anstrengungen, auf der

Basis einer Liste von Bedürfnissen die Beiträge von Energiedienstleistungen zu menschlichem Wohlergehen zu identifizieren (z.B. Brand-Correa et al. 2018). Eine Verwandtschaft besteht auch mit dem Ansatz „doughnut economics" (Raworth 2012), dem Ansatz „environmental space" (Hille 1997; Opschoor 1987; Spangenberg 2002) und der Vorstellung eines „safe and just operating space" (Dearing et al. 2014; Rockström et al. 2009). Ausgangspunkt bei allen diesen Ansätzen sind jedoch Ressourcen oder Emissionen, nicht menschliche Bedürfnisse. Dasselbe gilt für Ansätze, die darauf abzielen, Ökosystemleistungen auf menschliches Wohlbefinden zu beziehen (z.B. Ringold et al. 2013; Yang et al. 2015). Das Konzept von Konsum-Korridoren geht konsequent vom Ziel einer Nachhaltigen Entwicklung aus, also vom guten Leben für alle. Es geht auch konsequent von dem Zweck-Mittel-Verhältnis aus, das für Konsumhandeln maßgebend ist. Das unterscheidet diesen Vorschlag von anderen, verwandten Konzepten, die ebenfalls Grenzen vorschlagen, diese aber von Ressourcen oder von Emissionen her denken und begründen.

Schließlich und endlich lässt sich der Vorschlag auch verorten vor dem Hintergrund der Rede über Suffizienz- und Effizienzstrategien: Aus der Perspektive von Konsum-Korridoren betrachtet, ist Suffizienz das Akzeptieren, dass es Unter- und Obergrenzen des Konsums geben darf, und die Bereitschaft, solche Grenzen zu entwickeln und sich im Rahmen dieser Grenzen zu bewegen. Effizienz wiederum erhöht bezogen auf Ressourcen den Spielraum und vergrößert damit den Korridor. Aus der Perspektive von Konsum-Korridoren betrachtet, sollten sich Effizienzstrategien jedoch nicht allein auf Ressourcen konzentrieren. Vielmehr sollten Effizienzstrategien auch den Aspekt der Bedürfnisbefriedigung in den Blick nehmen. Vor diesem Hintergrund wiederum wären effiziente Produkte, Dienstleistungen und Infrastrukturen solche, die bei einem schonenden Einsatz natürlicher und gesellschaftlicher Ressourcen möglichst viele Geschützte Bedürfnisse zu befriedigen erlauben, solche also, die in ihrem Design eine Vielfalt von Nutzungsmöglichkeiten erlauben und auf die Befriedigung Geschützter Bedürfnisse zugeschnitten sind.

Die für nachhaltigen Konsum passende Allegorie ist die Allegorie der Temperantia. Diese Allegorie kann sowohl für die Definition nachhaltigen Konsums stehen als auch für den hier vorgestellten Mechanismus zu dessen Erreichung. Temperantia ist eine Kardinaltugend, und sie bezeichnet das richtige Maß, das Abwägen und Innehalten, den guten Umgang mit materiellen Gütern. Wohlbefinden und materielle Güter werden hier positiv betrachtet, der vollständige Verzicht wird genauso abgelehnt wie ein Zuviel, das Ziel besteht in der idealen Mischung (auf dem Grabmal des Peter von Verona in Mailand (um 1339) z.B. mischt die Temperantia Wasser

Abb. 4: Temperantia *(Grabmal des Peter von Verona, Cappella Portinari, Sant'Eustorgio, Mailand)*

Quelle: Giovanni Dall'Orto, CC0 1.0

mit Wein und muss dabei das richtige Maß treffen, s. Abb. 4). Bei nachhaltigem Konsum ergibt sich das richtige Maß aus den Geschützten Bedürfnissen der Menschen und aus den nicht endlos zur Verfügung stehenden insbesondere natürlichen Ressourcen als der materiellen Basis der Konsumgüter und Konsumhandlungen.

Literatur

Blättel-Mink, Birgit; Brohmann, Bettina; Defila, Rico; Di Giulio, Antonietta; Fischer, Daniel; Fuchs, Doris; Gölz, Sebastian; Götz, Konrad; Homburg, Andreas; Kaufmann-Hayoz, Ruth; Matthies, Ellen; Michelsen, Gerd; Schäfer, Martina; Tews, Kerstin; Wassermann, Sandra, und Stefan Zundel (Syntheseteam des Themenschwerpunkts „Vom Wissen zum Handeln – Neue Wege zum nachhaltigen Konsum"). 2013. *Konsum-Botschaften. Was Forschende für die gesellschaftliche Gestaltung nachhaltigen Konsums empfehlen.* Stuttgart: Hirzel.

Brand-Correa, Lina; Martin-Ortega, Julia, und Julia Steinberger. 2018. „Human Scale Energy Services: Untangling a ‚golden thread'". *Energy Research & Social Science (ERSS)* (38): 178-187.

CASS – Konferenz der Schweizerischen Wissenschaftlichen Akademien und Pro-Clim- – Forum für Klima und Global Change, Schweizerische Akademie der Naturwissenschaften (Hrsg.). 1997. *Forschung zu Nachhaltigkeit und Globalem Wandel. Wissenschaftspolitische Visionen der Schweizer Forschenden.* Bern: Eigenverlag der Konferenz der Schweizerischen Wissenschaftlichen Akademien (CASS).

Coachfrog AG. 2017. „Kaufsucht und was Sie dagegen tun können". Online zugänglich unter: https://www.sanasearch.ch/de/blog/artikel/kaufsucht_und_was_s ie_dagegen_tun_koennen/, letzter Zugriff: 03.03.2019.

Costanza, Robert; Fisher, Brendan; Saleem, Ali; Beer, Caroline; Bond, Lynne; Boumans, Roelof; Danigelis, Nicolas; Dickinson, Jennifer; Elliott, Carolyn; Farley, Joshua; Elliott Gayer, Diane; MacDonald Glenn, Linda; Hudspeth, Thomas; Mahoney, Dennis; McCahil, Laurence; McIntosh, Barbara; Reed, Brian; Turab Rizvi, Aabu; Rizzo, Donna; Simpatico, Thomas, und Robert Snapp. 2007. „Quality of life: An approach integrating opportunities, human needs, and subjective well-being". *Ecological Economics* 61 (2/3): 267-276.

Cruz, Ivonne. 2011. „Human needs frameworks and their contribution as analytical instruments in sustainable development policy-making". In Rauschmayer, Felix; Omann, Ines, und Johannes Frühmann (Hrsg.). *Sustainable development. Capabilities, needs, and well-being.* London: Routledge, 104-120.

Dearing, John; Wang, Rong; Zhang, Ke; Dyke, James; Haberl, Helmut; Hossain, Sarwar; Langdon, Peter; Lenton, Timothy; Raworth, Kate; Brown, Sally; Carstensen, Jacob; Cole, Megan; Cornell, Sarah; Dawson, Terence; Doncaster, Patrick; Eigenbrod, Felix; Flörke, Martina; Jeffers, Elizabeth; Mackay, Anson; Nykvist, Björn, und Guy Poppy. 2014. „Safe and just operating spaces for regional social-ecological systems". *Global Environmental Change* (28): 227-238.

Defila, Rico; Di Giulio, Antonietta, und Ruth Kaufmann-Hayoz (Hrsg.). 2011. *Wesen und Wege nachhaltigen Konsums. Ergebnisse aus dem Themenschwerpunkt „Vom Wissen zum Handeln – Neue Wege zum nachhaltigen Konsum".* München: oekom.

Defila, Rico; Di Giulio, Antonietta, und Ruth Kaufmann-Hayoz. 2014. „Sustainable Consumption – an Unwieldy Object of Research". *GAIA* 23 (S1): 148-157.

Defila, Rico; Di Giulio, Antonietta, und Corinne Ruesch Schweizer. 2018. „Two souls are dwelling in my breast: Uncovering how individuals in their dual role as consumer-citizen perceive future energy policies". *Energy Research & Social Science (ERSS)* (35): 152-162.

Di Giulio, Antonietta. 2004. *Die Idee der Nachhaltigkeit im Verständnis der Vereinten Nationen – Anspruch, Bedeutung und Schwierigkeiten.* Münster: LIT.

Di Giulio, Antonietta. 2008. „Ressourcenverbrauch als Bedürfnis? Annäherung an die Bestimmung von Lebensqualität im Kontext einer nachhaltigen Entwicklung". *Wissenschaft & Umwelt INTERDISZIPLINÄR* (11): 228-237.

Di Giulio, Antonietta; Brohmann, Bettina; Clausen, Jens; Defila, Rico; Fuchs, Doris; Kaufmann-Hayoz, Ruth, und Andreas Koch. 2011. „Bedürfnisse und Konsum – ein Begriffssystem und dessen Bedeutung im Kontext von Nachhaltigkeit". In Defila, Rico; Di Giulio, Antonietta, und Ruth Kaufmann-Hayoz (Hrsg.). *Wesen und Wege nachhaltigen Konsums. Ergebnisse aus dem Themenschwerpunkt „Vom Wissen zum Handeln – Neue Wege zum nachhaltigen Konsum".* München: oekom, 47-71.

Di Giulio, Antonietta, und Rico Defila. (im Druck). „The ,good life' and Protected Needs". In Kalfagianni, Agni; Fuchs, Doris, und Anders Hayden (Hrsg.). *The Routledge Handbook of Global Sustainability Governance.* London: Routledge.

Di Giulio, Antonietta; Defila, Rico, und Ruth Kaufmann-Hayoz. 2010. „Gutes Leben, Bedürfnisse und nachhaltiger Konsum". *Nachhaltiger Konsum, Teil 1. Umweltpsychologie* 14 (27): 10-29.

Di Giulio, Antonietta, und Doris Fuchs. 2014. „Sustainable Consumption Corridors: Concept, Objections, and Responses. Sustainable Consumption". *GAIA* 23 (S1): 184-192.

Di Giulio, Antonietta, und Doris Fuchs. 2016. „Nachhaltige Konsum-Korridore: Konzept, Einwände, Entgegnungen". In Jantke, Kerstin; Lottermoser, Florian; Reinhardt, Jörn; Rothe, Delf, und Jana Stöver (Hrsg.). *Nachhaltiger Konsum. Institutionen, Instrumente, Initiativen.* Baden-Baden: Nomos, 143-164.

E-Bund. 2009a. „Noch kein Knick beim Konsum". 14.05.2009.

E-Bund. 2009b. „Schweizer Konsumenten halten sich zurück". 27.10.2009.

E-Bund. 2009c. „Konsum schwächelt immer deutlicher". 17.11.2009.

E-Bund. 2010a. „Sind Apple-Handys die neuen Blutdiamanten?". 30.06.2010.

E-Bund. 2010b. „Positive Entwicklung beim Konsum". 27.07.2010.

Fischer, Daniel; Michelsen, Gerd; Blättel-Mink, Birgit, und Antonietta Di Giulio. 2011. „Nachhaltiger Konsum: Wie lässt sich Nachhaltigkeit im Konsum beurteilen?". In Defila, Rico; Di Giulio, Antonietta, und Ruth Kaufmann-Hayoz (Hrsg.). *Wesen und Wege nachhaltigen Konsums. Ergebnisse aus dem Themenschwerpunkt „Vom Wissen zum Handeln – Neue Wege zum nachhaltigen Konsum".* München: oekom, 73-88.

Hille, John. 1997. *The Concept of Environmental Space. Experts' Corner of the European Environment Agency.* Luxemburg: EEA.

Hirsch Hadorn, Gertrude, und Georg Brun. 2007. „Ethische Probleme nachhaltiger Entwicklung". In Schweizerische Akademie der Geistes- und Sozialwissenschaften (Hrsg.). *Nachhaltige Entwicklung. Nachhaltigkeitsforschung. Perspektiven der Sozial- und Geisteswissenschaften.* Bern: SAGW, 235-253.

Jackson, Tim; Jager, Wander, und Sigrid Stagl. 2004. „Beyond insatiability – needs theory, consumption and sustainabilty". In Reisch, Lucia, und Inge Røpke (Hrsg.). *The ecological economics of consumption.* Cheltenham: Edward Elgar, 79-110.

Kaufmann-Hayoz, Ruth; Bamberg, Sebastian; Defila, Rico; Dehmel, Christian; Di Giulio, Antonietta; Jaeger-Erben, Melanie; Matthies, Ellen; Sunderer, Georg, und Stefan Zundel. 2011. „Theoretische Perspektiven auf Konsumhandeln – Versuch einer Theorieordnung". In Defila, Rico; Di Giulio, Antonietta, und Ruth Kaufmann-Hayoz (Hrsg.). *Wesen und Wege nachhaltigen Konsums. Ergebnisse aus dem Themenschwerpunkt „Vom Wissen zum Handeln – Neue Wege zum nachhaltigen Konsum".* München: oekom, 89-123.

Manstetten, Reiner. 1996. „Zukunftsfähigkeit und Zukunftswürdigkeit – Philosophische Bemerkungen zum Konzept der nachhaltigen Entwicklung". *GAIA 5* (6): 291-298.

Max-Neef, Manfred. 1991. *Human scale development: Conception, application and further reflections.* London: Zed Books.

Max-Neef, Manfred; Elizalde, Antonio, und Martin Hopenhayn. 1991. „Development and Human Needs". In Max-Neef, Manfred (Hrsg.). *Human scale development: Conception, application and further reflections.* London: Zed Books, 13-54.

Michaelis, Laurie. 2000. *Ethics of consumption.* Oxford: Oxford Centre for the Environment, Ethics & Society.

Nussbaum, Martha. 1992. „Human functioning and social justice: In defense of Aristotelian essentialism". *Political Theory* 20 (2): 202-246.

Nussbaum, Martha. 2006. *Frontiers of Justice. Disability, Nationality, Species Membership.* London: Belknap Press of Harvard University Press.

Opschoor, Johannes. 1987. *Sustainability and Change.* Amsterdam: Free University Press.

Rauschmayer, Felix; Omann, Ines, und Johannes Frühmann. 2011. „Needs, capabilities and quality of life. Refocusing sustainable development". In Rauschmayer, Felix; Omann, Ines, und Johannes Frühmann (Hrsg.). *Sustainable development. Capabilities, needs, and well-being.* London: Routledge, 1-24.

Raworth, Kate. 2012. *A Safe and Just Space for Humanity. Can we live within the doughnut?* Oxfam discussion Paper. Oxfam.

Ringold, Paul; Boyd, James; Landers, Dixon, und Matt Weber. 2013. „What data should we collect? A framework for identifying indicators of ecosystem contributions to human well-being". *Frontiers in Ecology & the Environment* 11 (2): 98-105.

Rockström, Johan; Steffen, Will; Noone, Kevin; Persson, Åsa; Chapin, F. Stuart III; Lambin, Eric; Lenton, Timothy; Scheffer, Marten; Folke, Carl; Schellnhuber, Hans; Nykvist, Björn; de Wit, Cynthia; Hughes, Terry; van der Leeuw, Sander; Rodhe, Henning; Sörlin, Sverker; Snyder, Peter; Costanza, Robert; Svedin, Uno; Falkenmark, Malin; Karlberg, Louise; Corell, Robert; Fabry, Victoria; Hansen, James; Walker, Brian; Liverman, Diana; Richardson, Katherine; Crutzen, Paul, und Jonathan Foley. 2009. „Planetary boundaries: exploring the safe operating space for humanity". *Ecology and Society* 14 (2): 32.

Soper, Kate. 2006. „Conceptualizing needs in the context of consumer politics". *Journal of Consumer Policy* 29 (4): 355-372.

Spangenberg, Joachim. 2002. „Environmental space and the prism of sustainability: frameworks for indicators measuring sustainable development". *Ecological Indicators* 2 (3): 295-309.

Yang, Wu; Dietz, Thomas; Kramer, Daniel; Ouyang, Zhiyun, und Jianguo Liu. 2015. „An integrated approach to understanding the linkages between ecosystem services and human well-being". *Ecosystem Health and Sustainability* 1 (5): Art. 19.

Nachhaltigen Konsum ermöglichen und steuern – auch eine Frage der Gerechtigkeit

Koreflexion zu Antonietta Di Giulio, „Wege zu nachhaltigem Konsum jenseits der kleinen Schritte"

Marianne Heimbach-Steins

Der folgende Beitrag versteht sich als Kommentar[1] zu dem Beitrag von Antonietta Di Giulio *Wege zu nachhaltigem Konsum jenseits der kleinen Schritte.* In vielen Hinsichten stimme ich mit ihren Überlegungen überein, so dass meine Kommentierung nicht auf eine Kontroverse hinausläuft, sondern einige ergänzende Beobachtungen und Anfragen aus meiner fachlichen Perspektive als Sozialethikerin anbietet. Ich werde nach der einleitenden Markierung einiger grundlegender Gemeinsamkeiten zunächst den fachlichen Hintergrund skizzieren, vor dem ich mich dem Thema nähere (I.). Im Weiteren werde ich den Zusammenhang von gutem Leben und Gerechtigkeit im Hinblick auf die Anforderungen und die Umsetzung von nachhaltigem Konsum ansprechen (II.), den Di Giulio an zwei Stellen in ihrem Beitrag erwähnt (S. 40, S. 45), aber nicht entfaltet.

In Übereinstimmung mit Di Giulio gehe ich erstens davon aus, dass es nicht nur gesellschaftlich erwünscht, sondern auch ethisch sinnvoll, ja geboten, ist, ökologische und soziale Nachhaltigkeitsziele zu verfolgen, und dass dies im Hinblick auf den Konsum von Gütern und Dienstleistungen eine hoch relevante Herausforderung darstellt. Zweitens nehme ich an, auch dies konvergent mit den Überlegungen von Di Giulio, dass Nachhaltigkeitsziele nicht in erster (und schon gar nicht in einziger) Linie durch Konsumverzicht umgesetzt werden können, sondern komplexere strategische und ethische Antworten erforderlich sind. Konsum als komplexes Handlungsgefüge betrifft eine unerlässliche Dimension der wirtschaftlichen und der sozialen Teilhabe; als auch materiell Bedürftige sind der Zugang zu und der Ge- und Verbrauch von Gütern für das Leben und Zu-

---

1 Der skizzenhafte Charakter des Tagungsbeitrags wurde weitgehend beibehalten.

sammenleben von Menschen grundsätzlich notwendig. Insofern ist Konsum weder per se gut oder schlecht noch ethisch einfachhin neutral; Konsument*innen ebenso wie all jene Akteure, die Konsumverhalten ermöglichen, beeinflussen und steuern, sind gefordert, ethische Maßstäbe zu entwickeln bzw. zu adaptieren, nach denen die Folgen von Konsumhandeln zu berücksichtigen und abzuwägen sowie Konsummotive und -ziele bewusst zu setzen, zu klären und ggf. zu korrigieren sind.

1. *Eine sozialethische Perspektive auf die Herausforderungen nachhaltigen Konsums*

Das Konsumhandeln von Individuen und Haushalten hat in der Christlichen Sozialethik und ihrer wirtschaftsethischen Tradition bislang eher nur am Rande Beachtung gefunden. Anders verhält es sich mit der normativen Reflexion zum Thema Nachhaltigkeit als sozial-ökologisches Prinzip; es hat in der Christlichen Sozialethik seit den 1990er Jahren eine durchaus steile „Karriere" gemacht.[2] Dass es auch in der Sozialverkündigung der katholischen Kirche angekommen ist, belegt auf gesamtkirchlicher Ebene eindrucksvoll die Enzyklika „Laudato Si' (Franziskus 2015; dazu u.a.: Heimbach-Steins und Schlacke [Hrsg.] 2019) von Papst Franziskus, während sich auf der Ebene der Deutschen Bischofskonferenz eine entsprechende Entwicklung bereits einige Jahre zuvor mit den Expertenpapieren zum Klimawandel (DBK 2006; DBK 2019) und zur nachhaltigen Energieversorgung (DBK 2011) abgezeichnet hat.

Zur Konsumethik liegt im fachlichen Zusammenhang der theologischen (Sozial-)Ethik eine Reihe von Arbeiten aus den 1980er und 1990er Jahren vor; neuere Beiträge sind selten. Die bisherige einschlägige Forschung fokussiert schwerpunktmäßig v.a. das, was Antonietta Di Giulio die „kleinen Schritte" nennt. Sie setzt also mehr oder weniger bei den Einstellungen und den Handlungsspielräumen der Individuen an; das ist unverzichtbar, bleibt aus sozialethischer Perspektive aber unzureichend. Unter der Voraussetzung der Leitidee des mündigen – bzw. des zur Mündig-

---

2 Hinzuweisen ist neben vielen Einzelbeiträgen v.a. auf zwei monumentale Studien (bei beiden handelt es sich um sozialethische Habilitationsschriften), die Nachhaltigkeit als normatives Prinzip ins Zentrum der ethischen Überlegung rücken: Andreas Lienkamp (2009) entwickelt eine christliche Ethik der Nachhaltigkeit mit Bezug auf den Klimawandel als Gerechtigkeitsproblem; Markus Vogt (2009) arbeitet Nachhaltigkeit als neues, ökologisches Prinzip der Sozialethik systematisch aus.

keit zu befähigenden – und verantwortungsvollen Verbrauchers[3] werden Konsumkritik geübt und ein Wandel der Lebensstile postuliert. Dieser Zugang birgt die Gefahr, in die Falle einer „Moralisierung" des Konsums zu geraten. Das ist jedenfalls dann zu befürchten, wenn nicht auch die systemischen Bedingungen – der Ermöglichungs- resp. Verhinderungsrahmen – des Wandels zur Nachhaltigkeit, der aus normativen Erwägungen heraus gewünscht wird, grundlegend reflektiert werden.[4]

Angesichts der Defizitanzeige im eigenen fachlichen Zusammenhang sehe ich in dem Ansatz von Antonietta Di Giulio eine hilfreiche und weiterführende Weitung der Perspektive auf das Anliegen und die Suche nach Realisierungschancen eines nachhaltigen Konsums. Er markiert *einen* Weg der gesuchten sozial-ökologischen Transformation, der mir geeignet erscheint, um der verbreiteten Tendenz zur Individualisierung einer in sich komplexen sozial- und strukturenethischen Aufgabe entgegenzutreten.

Der Sozialethiker Christian Spieß (2017) stellt in einem Beitrag, der den Ort der Konsumethik in den Koordinaten christlicher Sozialethik reflektiert, fest, „Ausgangspunkt der Konsumethik" sei „zweifellos eine erhebliche Gleichgewichtsstörung. Der Konsum der einen zerstört das Leben der anderen, deren Interessen marginalisiert werden. Hier zeigt sich [eine] normative Dysfunktionalität der Marktwirtschaft, die zwar einerseits Wohlstand, andererseits aber zugleich (!) Leid und Elend produziert." (S. 33). Anders als die meisten bisher vorliegenden Arbeiten aus der Sozialethik skizziert der Autor eine primär strukturenethische Herangehensweise an Konsumethik. Wirtschaftliche Zusammenhänge werden anhand der normativen Maßstäbe des Gemeinwohls und der Gerechtigkeit ethisch analysiert; im Horizont der (katholischen) wirtschaftsethischen Tradition werden damit drei Kernforderungen aufgerufen: Nämlich dass *erstens* alle Menschen von einer effizienten Wirtschaftsweise profitieren können müs-

---

3 Vgl. für eine Problemanzeige zu politischen wie wissenschaftlich (empirisch basierten) Konsumentenleitbildern u.a. Heidbrink und Müller (2017). Das Autorenduo argumentiert rollentheoretisch; die Rolle als Konsument/in wird mit jener des/der Bürger/in verflochten und biete als solche Kriterien für einen verallgemeinerungsfähigen Verantwortungsrahmen. Der Typus des Consumer Citizen repräsentiert die Simultaneität zweier Rollen mit überschneidenden Verantwortungsrahmen; im Schnittfeld könne ein minimaler verallgemeinerbarer Verantwortungsrahmen identifiziert werden (Heidbrink und Müller 2017, S. 4).

4 Einzelne Beiträge aus sozialethischer Sicht beziehen eine normativ liberale Position, die den Freiheitsspielraum der Konsumenten an die erste Stelle setzt, von diesem Maßstab her jede politische Steuerung und Regulierung von Konsumhandeln prinzipiell problematisiert und statt dessen auf freiwillige Verhaltensänderungen in einem bedürfnisethischen Ansatz setzt (vgl. v.a. Wirz 1993, 2018).

sen, dass *zweitens* allen Menschen Chancen gesellschaftlicher Partizipation i.S. einer freiheitlichen Lebensführung erschlossen werden und dass *drittens* ökonomische Tauschbeziehungen fair gestaltet sein müssen (ebd., S. 32). Damit wird zum einen der Anspruch der Freiheit in die Grundkonzeption eines guten Lebens (bzw. der Lebensqualität) eingetragen; zum anderen werden die Dimensionen der Verteilungs-, der Beteiligungs- und der Tauschgerechtigkeit evoziert, die sich jeweils auf unterschiedlichen Ebenen der Vergesellschaftung (in einzelnen staatlich organisierten Gesellschaften, in der globalen Gesellschaft und auch im intergenerationellen Zusammenhang) ausbuchstabieren lassen. Vor diesem Hintergrund stellt sich mir die Frage, wie die Zuordnung von Nachhaltigkeit und gutem Leben/ Lebensqualität, die Antonietta Di Giulio vorschlägt, sich zu Semantiken der Gerechtigkeit verhält – und warum sie darauf verzichtet, diese zu entfalten.

2. Das gute Leben als normativer Kern von Nachhaltigkeit – und die Frage nach Gerechtigkeit

Di Giulio führt Nachhaltigkeit als „normative politische Idee" ein, die nicht nur eine Zielsetzung gesellschaftlicher Entwicklung auf nationaler und internationaler Ebene markieren, sondern explizit auch dazu dienen soll, „menschliches Handeln zu beurteilen" (S. 38). Sie wird eng verbunden mit einem Verständnis des „guten Lebens", wobei diese Kategorie nicht im Sinne des *moralisch Richtigen*, sondern im Sinne von *Lebensqualität für alle Menschen* verstanden und mit der Idee objektiver bzw. geschützter Bedürfnisse (S. 42-51) verbunden wird. Damit forciert sie die Frage, wie „gutes Leben" resp. Lebensqualität kontext- und zeitübergreifend (für alle heute Lebenden und alle zukünftig leben Werdenden) bestimmt werden kann.

Die Anforderung ist komplex: Zum einen muss die Antwort so gefasst werden, dass es möglich ist, Folgerungen für einen Maßstab nachhaltigen Konsums als Leitfaden für das Handeln von Individuen, aber auch für eine Politik der Nachhaltigkeit zu ziehen. Zugleich dürfen die Kriterien nicht so konkret gefasst (bzw. materialiter gefüllt) werden, dass dadurch (a) die individuellen Präferenzen und die Anerkennung der Freiheit der Lebensführung unterlaufen sowie (b) die kontextuell differenten sozialen, ökonomischen und kulturellen Bedingungen der Lebensführung und der Gesellschaftsentwicklung missachtet / eingeebnet werden. Die Gratwanderung, die Di Giulio anhand der Leitbegriffe „Nachhaltigkeit" und „gutes Leben" beschreibt, verweist in der Semantik meiner Disziplin aus sich heraus auf einen weiteren ethischen Leitbegriff, eben den Begriff der Gerechtigkeit, verstanden als globale und intergenerationelle sowie ökologische Gerechtigkeit. Angesichts grundlegender objektiver menschlicher Bedürfnisse ist Gerechtigkeit so auszubuchstabieren, dass die Chancen auf deren Verwirklichung in einem sozialen Zusammenhang, einer politisch organisierten Gesellschaft und einem Wirtschaftsraum im Hinblick auf die unterschiedlichen relevanten Relationen durch Identifizierung bestimmter Ansprüche als Verteilungs-, Beteiligungs-, Tausch- und Verfahrensgerechtigkeit konkretisiert werden können. Insofern dies sinnvollerweise nur kontextspezifisch *umgesetzt* werden kann, wird man in der Adaption der normativen Kategorien auf bestimmte Praxiskontexte diese plural als Gerechtigkei*ten* ausformulieren müssen.[5]

Wie verhält sich also diese Konzeption, in der Nachhaltigkeit und gutes Leben zusammengedacht werden, zu Fragen der Gerechtigkeit im angedeuteten Sinn? Gerechtigkeit wie gutes Leben sind normative Basiskategorien, die herangezogen werden können, um den Anspruch der Nachhaltigkeit im Hinblick auf gesellschaftliche Interaktionen zu konkretisieren. Als universalisierbarer Kern des guten Lebens wird der Anspruch identifiziert, für alle heute und künftig lebenden Menschen einen „Sockel" von materiellen wie strukturellen Möglichkeitsbedingungen eines guten bzw. eines „erfüllten" (S. 40) Lebens zu sichern, und zwar im Hinblick auf den notwendigen *Zugang* sowie auf die Möglichkeiten der *Verfügung* über und die *Nutzung* von (materiellen wie immateriellen) Ressourcen. Dieser Anspruch wird gegen (abzulehnende) materiale Festlegungen i.S. subjektiver Bedürfnisse von Lebensstilerwartungen, Konsumgrenzen etc. abgegrenzt, welche mit der unhintergehbaren und legitimen Partikularität konkreter Lebensführung nicht vermittelbar wären.

Sofern also offensichtlich universalisierbare Ansprüche/Forderungen und deren je kontextspezifische Implementierung zur Debatte stehen, scheint mir die Kernfrage der Gerechtigkeit bereits gestellt zu sein. Denn es geht darum, die je konkreten Ansprüche von Individuen und gesellschaftlichen Gruppen auf Teilhabe an den Voraussetzungen für die Führung eines guten Lebens *zueinander in Beziehung* zu setzen, im Falle der Konkurrenz zum *Ausgleich* zu bringen oder *gegeneinander abzuwägen*. Bezieht sich das gute Leben auf basale inhaltliche Ansprüche (etwa auf die

---

5 Das konzeptionelle Problem, das aus der Spannung von universalistischem Geltungsanspruch und der unhintergehbaren Partikularität ethisch bedeutsamer Erfahrungen, Verstehensmodelle und Reflexionsperspektiven resultiert und das eine kontextuelle Ethik zum zentralen Referenzpunkt machen muss, kann hier nicht im Einzelnen entfaltet werden, vgl. hierzu u.a. Heimbach-Steins (2002).

mindestens zur Verfügung stehenden Ressourcen für eine humane Lebensführung), so geht es hier zusätzlich darum, diese individuell oder gruppen-
spezifisch zuzuordnenden Ansprüche miteinander in transparenten und
objektivierbaren Verfahren zu korrelieren. Das lässt sich m.E. nicht mehr
in der Semantik des guten Lebens, sondern nur in jener der (Verfah-
rens-)Gerechtigkeit konzeptualisieren.[6] Um (möglicherweise) konfligieren-
de Ansprüche, die aus einer Konzeption des guten Lebens resultieren, miteinander zu korrelieren, bedarf es eines (externen) Maßstabs, auf den sich
die respektiven Konfliktpositionen beziehen können und anhand dessen
eine Lösungsperspektive erarbeitet werden kann.

In welchem Verhältnis Konzepte der Gerechtigkeit und des guten Lebens zueinanderstehen, ist sowohl in der theoretischen Debatte als auch in
gesellschaftlichen Diskursen umstritten. M.E. gibt es gute Gründe für die
Auffassung, „[h]inter der Thematisierung sozialer und globaler
Vorstellungen eines gerechten und nachhaltigen Zusammenlebens im Ge-
wand der unparteilichen Interessen aller [stehe] implizit die Frage, was wir
in vernünftiger und verantwortlicher Weise […] für uns und die anderen,
auch für die nachfolgenden Generationen, wollen." (Sautermeister 2013,
S. 103). Aus einer solchen Sichtweise ergibt sich die Folgerung, dass „Vorstellungen des Gerechten […] stets auf Annahmen des guten Lebens" basieren und „ein spezifisches Menschenbild" implizieren (ebd.). Hier wird
also argumentiert, von Gerechtigkeit zu reden, setze notwendigerweise basale materialethische Vorstellungen vom guten Leben voraus, an denen die
konkreten Forderungen des Gerechten Maß nehmen; dieser anthropolo-
gisch basierte Zugang stimmt weitgehend überein mit dem auch von Antonietta Di Giulio erwähnten Capabilities-Ansatz Martha Nussbaums und
der Theorie geschützter Bedürfnisse, die Di Giulio selbst gemeinsam mit
Rico Defila vertritt (vgl. S. 41f). Umgekehrt wird auch die Auffassung vertreten, dass Vorstellungen von Nachhaltigkeit im Sinne intergeneratione-
ler Gerechtigkeitserwartungen Bedingungen der Möglichkeit thematisieren, unter typischerweise ungleichen Bedingungen (partikulare) Konzepte
des guten Lebens verwirklichen zu können.

Das von Di Giulio entworfene komplexe Konzept des guten Lebens
könnte durch die Hinzuziehung der Gerechtigkeitssemantik entlastet werden, insofern diese universalisierbare Ansprüche zum Ausdruck bringt, die
als Grundlage bzw. als Voraussetzung für die Ermöglichung eines guten
Lebens unter divergierenden Bedingungen geltend gemacht und deren po-

---

6 Auf der Ebene der politischen Konkretion wäre diese zudem in die Semantik von
   [Menschen-]Rechten (und Pflichten) zu übersetzen.

litische Umsetzung eingefordert werden müssen. Konzepte des guten Lebens können nach weitverbreiteter Auffassung in modernen pluralistischen Gesellschaften nicht mehr oder höchstens in Teilen auf allgemeine Zustimmung hoffen; sie vermögen aber u.U. besser als Vorstellungen von Gerechtigkeit Akteur*innen dazu zu bewegen, ihre Ziele oder doch zumindest die Rangordnung ihrer Ziele zu verändern. Sie können dies zwar eher im Modus der Werbung um Zustimmung als im Sinne einer verbindlichen (gesetzlichen) Vorgabe tun, da angesichts einer Pluralität von Vorstellungen, was ein gutes bzw. erfülltes Leben ausmacht, die exklusive Legitimation eines bestimmten Konzepts und Maßstabs nicht möglich bzw. (selbst wenn sie möglich wäre) politisch nicht durchzusetzen sein wird. Gleichzeitig entfalten sie möglicherweise im Vergleich zu Vorstellungen von Gerechtigkeit eine größere motivationale Kraft.

Der Rekurs auf die Semantik der Gerechtigkeit scheint mir für das vorgestellte Konzept v.a. insofern vielversprechend, als sie zur Fundierung der politischen Umsetzung der Idee der Konsumkorridore beiträgt. Vorstellungen von Gerechtigkeit fokussieren unter der Annahme gegebener Diversität die wechselseitige Zuordnung, Abwägung und den Ausgleich konkurrierender Ansprüche und Interessen. Sie zielen auf die Überwindung von Exklusion, auf die Ermöglichung von Beteiligung und auf die generationenübergreifende Sicherung der ökologischen Grundlagen des Lebens und Zusammenlebens, und zwar in einer gesamtgesellschaftlichen Perspektive, was auf unterschiedlich dimensionierte sozialräumliche Formationen von der Kommune über den Einzelstaat bis zur internationalen Gemeinschaft bezogen werden kann. Sie erheben mit Blick auf die Prinzipien, die diesen Ausgleich anleiten sollen, universale Geltung. Damit können sie auch politische Steuerungsmodi rechtfertigen. Vorstellungen guten Lebens werden neben einer gerechtigkeitstheoretischen Begründung die Umsetzung von Nachhaltigkeitspolitiken motivieren und fördern.

Es geht also keineswegs darum, die Argumentation mit dem guten Leben durch eine Gerechtigkeitsargumentation zu ersetzen, sondern darum, beide normative Ansätze konstruktiv so zu verbinden, dass das Resultat das Anliegen, das Antonietta Di Giulio geltend macht, und die ihrem Modell inhärenten konzeptionellen Anforderungen aufnimmt und in einem Punkt weiter präzisiert.

Literatur

DBK – Deutsche Bischofskonferenz. 2006. Der Klimawandel: Brennpunkt globaler, intergenerationeller und ökologischer Gerechtigkeit. Ein Expertentext zur Herausforderung des globalen Klimawandels. Die deutschen Bischöfe – Kommission für gesellschaftliche und soziale Fragen und Kommission Weltkirche, 29. Bonn: Sekretariat der Deutschen Bischofskonferenz.

DBK – Deutsche Bischofskonferenz. 2011. Der Schöpfung verpflichtet. Anregungen für einen nachhaltigen Umgang mit Energie. Ein Expertentext zu den ethischen Grundlagen einer nachhaltigen Energieversorgung (Arbeitshilfen 245). Bonn: Sekretariat der Deutschen Bischofskonferenz.

DBK – Deutsche Bischofskonferenz. 2019. Zehn Thesen zum Klimaschutz. Ein Diskussionsbeitrag. Die deutschen Bischöfe – Kommission für gesellschaftliche und soziale Fragen, 48. Bonn: Sekretariat der Deutschen Bischofskonferenz.

Franziskus [Papst]. 2015. *Enzyklika Laudato si' über die Sorge für das gemeinsame Haus* (Verlautbarungen des Apostolischen Stuhls, 202). Bonn: Sekretariat der Deutschen Bischofskonferenz.

Heidbrink, Ludger, und Sebastian Müller. 2017. „Die soziale Rolle des Konsumenten. Zum Verantwortungsrahmen von Verbrauchern". *Amos International* 11 (4): 3-9.

Heimbach-Steins, Marianne. 2002. „Sozialethik als kontextuelle theologische Ethik – Eine programmatische Skizze". *Jahrbuch für Christliche Sozialwissenschaften* 43: 46-64.

Heimbach-Steins, Marianne, und Sabine Schlacke (Hrsg.). 2019. *Die Enzyklika Laudato Si' – ein interdisziplinärer Nachhaltigkeitsansatz?*. Baden-Baden: Nomos.

Lienkamp, Andreas. 2009. *Klimawandel und Gerechtigkeit. Eine Ethik der Nachhaltigkeit in christlicher Perspektive*. Paderborn: Ferdinand Schöningh.

Sautermeister, Jochen. 2013. „Rehabilitiertes Glück. Zur Bedeutung von Identität und Lebensqualität für die sozialethische Reflexion auf Gerechtigkeit". In Heimbach-Steins, Marianne (Hrsg.). *Ressourcen – Lebensqualität – Sinn. Gerechtigkeit für die Zukunft denken*. Paderborn: Ferdinand Schöningh, 99-124.

Spieß, Christian. 2017. „Konsumethik aus sozialethischer Perspektive. Im Horizont von christlicher Gesellschaftsethik und politischer Wirtschaftsethik". *Amos International* 11 (4): 31-38.

Vogt, Markus. 2009. *Prinzip Nachhaltigkeit. Ein Entwurf aus theologisch-ethischer Perspektive*. München: oekom.

Wirz, Stephan. 1993. *Vom Mangel zum Überfluss. Die bedürfnisethische Frage in der Industriegesellschaft*. Münster: Aschendorff.

Wirz, Stephan. 2018. „Konsumgenuss und Verfeinerung des Lebensstils. Braucht es statt Überfluss mehr Suffizienz?". *Amos International* 11 (4): 17-23.

Konsum ist nachhaltig und nicht-nachhaltig – Ambiguität befruchtet das Leben

Koreflexion zu Antonietta Di Giulio, „Wege zu nachhaltigem Konsum jenseits der kleinen Schritte"

Bernd Draser und Christa Liedtke

Vorbemerkung

Die Tagung der Akademie Franz Hitze Haus Münster im Themenfeld Nachhaltiger Konsum hat dazu geführt, dass wir, die wir im Bereich nachhaltige Entwicklung forschen, noch einmal kritisch unsere eigene Wirkungsweise hinterfragen wollten. Die regen und interessanten Diskussionen vor Ort wie auch in vorherigen Veranstaltungen führten uns wiederholt zu der Frage, ob unser eigenes Tun und Wirken eher zu einer Verfestigung vorhandener Handlungsmuster nicht-nachhaltiger Wirkung führt oder tatsächlich eine nachhaltige Wirkung erzielt – auch in dem Sinne, dass unsere Forschung einer diskursiven, nicht geschlossenen Auseinandersetzung mit der Thematik des nachhaltigen Konsums dient. Dies fragen wir uns immer wieder – auch vor dem Hintergrund unserer eigenen mehr oder minder ressourcen- und emissions-intensiven Lebensstile sowie der unserer Gesellschaft. Diese Gedanken sind daher eine kritische Reflexion und Standortsuche für uns selbst, unser Tun und Wirken, die wir gerne auch zur Diskussion stellen.

1. Konsum für Alle!? – ein Blick auf unseren Wohlstand

Die Marktwirtschaft basiert – stark vereinfacht – auf Angebot und Nachfrage. Indizes wie das BIP, die Arbeitslosenquote, der Geschäftsklimaindex und die Binnennachfrage zeigen wie bei einem Fieberthermometer an, ob es dieser gut oder schlecht geht. Die soziale Marktwirtschaft sollte, so Ludwig Erhard schon 1957, dafür Sorge tragen, dass im Nachkriegsdeutschland Wohlstand für möglichst viele Menschen geschaffen wurde. Möglichst viele Menschen sollten an einer positiven Wirtschaftsentwicklung teilhaben, bedürftige Menschen – sei es aus Krankheit oder aufgrund von Schicksalsschlägen – sollten im sozialen Netz aufgefangen und versorgt werden. Versicherungen hatten und haben die Aufgabe, dies mit zu organisieren – sei es die Rentenversicherung oder die Krankenversicherung. Der sog. Generationenvertrag ist hierzu grundlegend. Doch schon damals sah Erhard (1964) nicht den Konsum an sich als Ziel und Sinn gesellschaftlichen Zusammenlebens – er hoffte, dass mit genügend Wohlstand der Bürger und Bürgerinnen auch die Konsumfokussierung nachließe, *Maß halten* einträte und sich die Menschen mit den kulturellen und sozialen Bedingungen eines guten Lebens in einer Demokratie befassten, die den Einzelnen und dem Sozialwesen die bestmöglichen Entwicklungs- und Entfaltungsmöglichkeiten böten (S. 233).

Konsum gehört also zu unserer sozialen Marktwirtschaft und sorgt für ein gutes und – wenn es gut läuft – auch für die Menschen selbst so empfundenes sinnhaftes und zufriedenes Leben. Konsum ermöglicht zunächst einmal, die Grundbedarfe zu erfüllen – Wohnen, Ernähren, Leben – und in zu Wohlstand gekommenen Gesellschaften dem und der Einzelnen, der jeweiligen sozialen Gruppe ihre Zugehörigkeit anzuzeigen, sozialen Status zu codieren, sich selbst und den eigenen Lebensstil auszudrücken. In der Definition des Selbst spiegelt sich auch immer die Definition des Gesamten, also der Gesellschaft. Diese Dialektik zwischen Gemein- und Eigenwohl bildet die Grundlage unserer Verfassung und unseres nach dem 2. Weltkrieg definierten Wirtschaftsmodells der sozialen Marktwirtschaft.

Sie ermöglicht es, die Vielfalt des Menschseins auszukosten, so es denn die Entwicklung der Gesellschaft erlaubt, Vielfalt und Diversität als Bereicherung zu empfinden und den*die Einzelne*n in ihrer Entwicklung zu fördern und zu fordern. Zu den gesellschaftlichen Aufgaben gehört es einerseits, individuelle Entfaltung zu fördern, andererseits auch ein Gemeinwesen zu entwickeln, das ein Zusammenleben in Sicherheit und Schutz ermöglicht. Nur Gesellschaften, die Sicherheit empfinden, sind in der Lage, in Gemeinschaft Vielfalt und Selbstbestimmung bzw. Autonomie zu entwickeln (vgl. WBGU 2011). Die Gründermütter und -väter unserer Verfassung, unseres Grundgesetzes wie auch der Ausbuchstabierung derer in eine soziale Marktwirtschaft haben sehr gut verstanden, dass die individuellen, psychologischen Grundbedarfe wie Autonomie, Selbstbestimmung, Sicherheit, Status eng verknüpft sind mit den Entwicklungschancen einer demokratieorientierten Gesellschaft. Sie haben auch gesehen, dass ein sozialer Ausgleich notwendig ist, um die Gesellschaft als Wert für mich selbst und meine soziale Gruppe zu erfahren. Die sozialen Lagen dürfen nicht zu weit auseinanderdriften, will man denn noch Kenntnis voneinander nehmen und Wertschätzung füreinander empfinden. Dies benötigt eine Auseinandersetzung miteinander, einen offenen Streitdiskurs, eine demokratisch organisierte Agora, die um die besten Lösungen in Wertschätzung füreinander und der jeweiligen Perspektiven und Argumente Andersdenkender ringt – immer im Rahmen von Grundgesetz und Verfassung. Diese Rechtssicherheit und den Vollzug derselben benötigen wir, um uns in freier, wertschätzender und respektvoller Meinungsäußerung zu üben. Agora steht in diesem Sinne für ein umfassendes Verständnis von Markt, das weit über Preisbildungslogiken hinausgeht. Die antike Agora war die Herzkammer der attischen Polis, sie war zutiefst öffentlich, politisch in zweifacher Hinsicht: Auf der horizontalen Achse verband sie die Peripherien der Polis, das agrarische Umland, den Hafen, die anderen Poleis, die handwerklichen Vororte, mit dem Zentrum der Stadt. Sie war auch judikativer und legislativer Mittelpunkt. Auf der vertikalen Achse, über die Akropolis, stellte die Agora mit den sie umgebenden Tempeln gleichermaßen auch eine transzendente Achse her, das Kultische, das Kulturelle und das Öffentliche waren ohnehin nicht trennbar. (Lorenz 1987; Funke 2007; Kolb 1981)

2. Welche Rolle spielt Konsum für die Verfasstheit einer Nation heute?

Konsum ist nachhaltig, weil er dies alles kommuniziert und anzeigt, wo und in welchen Bereichen Sicherheit, Status, Autonomie und Persönlichkeitsentfaltung möglich sind oder wo es gesellschaftliche Entwicklungen gibt, die die Gemeinschaft bedrohen können. Ist in diesem Sinne beispielsweise der von der ökologie- und nachhaltigkeitsorientierten „Gemeinde" meist als nicht-nachhaltig klassifizierte SUV (Sport Utility Vehicle/ Geländelimousine) eine bedrohliche gesellschaftliche Entwicklung? Sozial betrachtet nein, ökologisch betrachtet als Symbol einer besonders ressourcenintensiven Mobilität ja. Vom letzteren später mehr.

Es gibt kaum eine Veranstaltung in der Nachhaltigkeitsforschung oder -community, in der der SUV nicht als Monstranz nicht-nachhaltiger Auswüchse, quasi der Leibhaftige in Person benannt würde. Anleihen in den Religionen, insbesondere der protestantischen Ethik, sind hier bewusst gewählt – es handelt sich nämlich eher um ein „Bekenntnis", denn um einen offenen Agoradiskurs.

Wenn man die Sprache und Ausdrucksformen der Nachhaltigkeitsforschung analysiert, hat der Nachhaltigkeitsdiskurs eine Reihe von religiösen und konfessionellen Positionen adaptiert und sie konstitutiv in eigene Argumentations- und Verhaltensmuster verbaut. Gemeint sind hier nicht die naheliegenden Theologumena von der Bewahrung der Schöpfung als Christenpflicht oder der Umwelt-Enzyklika „Laudato si'" (Franziskus 2015) oder der für Religionsskeptiker immerwährende Anstoß des „dominium terrae" (Gen. 1,28) als eigentlicher Sündenfall wider das Gebot der Nachhaltigkeit (White 1967).

Vielmehr hat sich in einigen Nachhaltigkeitsdiskursen ein prophetischer Grundton ergeben. Das war bereits in den achtziger Jahren zu beobachten (Pötter 2016), aber der anthropogene Klimawandel liefert erst die passenden alttestamentlichen Bildwelten des Tun-Ergehens-Zusammenhangs: Die Erderwärmung als Höllenfeuer und die steigenden Meeresspiegel als Sintflut; Prophet*innen fordern dann meist Buße und Umkehr, indem sie endzeitliche Strafgerichte androhen. Von Jona (mit dem Wal) bis Jonas (mit der Verantwortung) gilt die „Heuristik der Furcht" (Jonas 2003, S. 63f): Den schlimmstmöglichen Ausgang zu predigen, um ihn eben dadurch abzuwenden. Diese Dialektik ist undankbar, weil im Fall des guten Ausgangs der*die Prophet*in als widerlegt und damit unglaubwürdig gilt (Draser 2014). Betreiben wir selbst nicht häufig ein solches Handlungsmuster? – Wir vermuten ja – und zwar tun wir es wohl meistens unreflektiert, da in Routinen eingebettet.

Es ist aber das Neue Testament, das ein Krisenbewusstsein mit einem starken Erlösungsbedürfnis verbindet: „Es ist schon die Axt den Bäumen an die Wurzel gelegt. Darum, welcher Baum nicht gute Frucht bringt, wird abgehauen und ins Feuer geworfen." (Mt 3,10). Erlösung und Produktivität werden aber in diesem Jesuswort aufs Engste miteinander verknüpft, wie auch (von Max Weber vortrefflich analysiert) im Protestantismus selbst. Der stellt mit der Reformation der monastischen Entsagung und Weltabgeschiedenheit eine „innerweltliche Askese" (Weber 2013, S. 139-202) entgegen, die den Beruf zu einer Berufung aufwertet. Die seit je als asketische Praxis bewährte Arbeit wird zu einer tätigen Sittlichkeit ad maiorem gloriam dei erhoben.

Und nun greift eine seltsame Dialektik, die ironischer nicht hätte ausfallen können: Einerseits ist der Mensch in Luthers Rechtfertigungslehre, „allein im Glauben" (Luther 1991, (4) S. 86) vor Gott gerechtfertigt, während äußere Werke (Rituale, Liturgien, Ablasshandel) heilsmäßig gänzlich irrelevant sind: „Sei ein Sünder und sündige tapfer, doch tapferer glaube und freue dich in Christus, der Herr ist über Sünde, Tod und Welt." (Luther 1826, S. 37). Andererseits aber ist die innerweltliche Askese der Arbeit äußerst produktiv und erweist sich im Calvinismus und den von ihm inspirierten Konfessionen als Ausweis der göttlichen Gnadenwahl (Weber 2013, S. 141). Die Reformation schafft also die äußeren religiösen Werke ab und erhebt statt ihrer die Berufsarbeit zum heilsgewährleistenden innerweltlichen Werk – und entsichert damit die Waffe der Produktivität mit dem Hebel einer Ethik der Gesinnung – die industrielle Revolution kann kommen! Und auch dieses Handlungsmuster erkennen wir vielfach in unserem Wirken wieder.

Die Prophet*innen von Nachhaltigkeit, also auch wir selbst, haben sich nicht nur einiges vom alttestamentlich-prophetischen Ton, sondern auch viel vom lutherischen „sola fide" bewahrt: Der Glaube, die innere Überzeugung ist heilsmäßig relevanter als die äußeren Handlungen, auch der Kauf und Gebrauch eines SUV oder andere Symbole der Distinktion. Die durch die Reformation in Gang gebrachte „Entzauberung der Welt" (Weber 2013, S. 146, S. 154, S. 176ff) begegnet aber diesem Habitus mit Befremden und Ablehnung. Prophet*innen führen keine offenen Diskurse und aus Gesinnung erwächst keine Verantwortung.

Auch beim höchsten Umweltbewusstsein seit Menschengedenken (sola fide), in einer Gesellschaft wie der unsrigen nehmen die Verkaufszahlen der SUVs seit 10 Jahren pro Jahr immer weiter zu und werden wohl auch weiter ansteigen (vgl. Statista 2014). Von der im Nachhaltigkeitsdiskurs so wahrgenommenen Mobilitätswende in der Werteentwicklung z.B. über Sharing Modelle oder bei der jungen Generation ist noch keine spürbare Wirkung feststellbar.

Sozial und individuell ist der SUV ein Symbol für Dazugehörigkeit und Status. Die Ausdifferenzierung der Marken – jede hat ihren SUV oder gleich mehrere – erlaubt es eben auch nur *fast* jedem Geldbeutel, eine solchen zu erreichen (und wenn auch nur gebraucht) und doch klar zu definieren, wer hier welchen Status hat und sei es über die Felgen und die Innenausstattung. Er ist beweglich und kann überall sichtbar gemacht werden. Er erlaubt es, erhöht zu sitzen und auf die Welt hinab zu schauen. Er gibt Sicherheit, indem er sich symbolisch wie ein Panzer geriert. Drinnen ist man sicher, draußen lebt man gefährlich. Denn ob dieser Wagen einen Menschen überrollt oder nicht, wird drinnen kaum bemerkt. Der Sensorik sei Dank – sie gibt hoffentlich vorher Signal. Protestantisch gesprochen, lässt sich das zugrundeliegende Bedürfnis mit Luthers berühmtem Kirchenlied zusammenfassen: „Ein feste Burg ist unser Gott, / ein gute Wehr und Waffen." So gerinnt ein Fahrzeugtyp zu einem defensiv-aggressiven Götzen in den Augen seiner Kritiker*innen, aber eben auch eine gefühlte „Wehr und Waffe" vor einer unübersichtlich sich dem Menschen entziehenden Welt. Es ist ein Gefühl, das Menschen in den Gesellschaften dringend notwendig haben. Menschen, die dieses Statussymbol nicht zu benötigen meinen, haben sich andere Nischen geschaffen, in denen sie die Wertschätzung und Anerkennung erlangen, die sie für ein gutes Leben benötigen. Das ist für viele in der Nachhaltigkeitsforschung die Nachhaltigkeit als zeichenhaft aufgeladenes Heilswort oder der Kampf für das Gute. Die Funktion ist die gleiche wie die der Wagen-Burg namens SUV. Nur dass sie dazu beiträgt, den offenen Diskurs über den besten Weg gerade mit den SUV Liebhaber*innen nicht zu führen – Letztere repräsentieren aber eine Gruppe in der Mitte, wenn nicht gar die Mitte der Gesellschaft. Man darf und muss also fragen, ob eine moralische Reserviertheit und sittliche Leitplanken hier die produktivsten Diskurshaltungen sind und woher man selbst meint, sich erheben zu können. Adressieren Konsumkorridore, Material Footprints, planetare Grenzen, Klimaziele überhaupt das objektive Problem auf subjektiv verständliche Weise? Sie alle weisen darauf hin, dass es ökologische Leitplanken gibt, in denen wir unser Sozialwesen entwickeln und gestalten können. Diejenigen, die die Grenzen überschreiten, kommen aus beiden Gruppen, da meist gebildet und einkommensstärker in der Mitte der Gesellschaft. Diese Diskussion, ob Konsumkorridor, Leitplanken, Footprints ist damit eher eine, die den Ton derer nicht trifft, die sie betrifft. Nicht, dass diese Ansätze nicht relevant wären, sie allein und die Diskussionen, die sie formen, sind notwendig, aber nicht hinreichend, um die Gesellschaft in Richtung Nachhaltigkeit zu bewegen. Sie treffen die Menschen nur dann, wenn sie handlungsrelevant werden und damit die psychologischen und kollektiven Bedarfe der Menschen und Gesellschaft in der Breite treffen, wenn sie Diskurse und Handlungsräume, eher denn Handlungsdoktrinen eröffnen. Es gibt viele Wege nach Rom – es gibt vielfältige Lösungen und Bedarfe. Diese einseitig zu beschneiden, würde Vielfalt beschränken, die sich im Korridor entwickeln könnte.

Was passiert nun mit einem Markenprodukt, das so vieles adressiert, was Menschen in Wohlstandsgesellschaften, aber genauso in aufstrebenden Armutsgesellschaften wollen oder wovon sie träumen, sobald sie in die globale Konsument*innenklasse hineinwachsen? Drei Milliarden werden es bald sein, die das gleiche Wohlstandsniveau anstreben, wie wir es in Deutschland haben. Allein dies ist eine gute Nachricht – immer mehr Menschen entkommen der Armut und immer mehr Menschen benötigen ressourcenleichte und klimagerechte Produkte und Dienstleistungen, um ein Leben in Wohlstand leben zu können.

Nun, dieses Markenprodukt verliert als Massenprodukt bald seinen Charme – es entwickelt sich zur Monokultur. Es fahren meist dunkelfarbige große Autos durch die Straße, von der Form her meist sehr ähnlich und für den Laien, die Laiin (davon gibt es wenige) kaum zu unterscheiden sind. Das einzige, was dann noch etwas über den Status aussagen kann, ist die Marke. Doch die Praktik als kulturelles Gut bleibt bestehen – er gehört zur Grundausstattung der Haushalte, so denn möglich, oder aber ein Statussymbol als Gegen- oder Mitmaßnahme und *mission statement*: die Bahncard 100 und/oder ein Elektrofahrzeug, das in der bestehenden Systemsprache oder -codierung verharrt. Was und wer einem nun sympathischer ist in diesem sich gegenseitig abgrenzenden Steigerungsspiel (vgl. dazu Schulze 2003), ist offen. Hier muss man für sich selbst entscheiden.

3. Nachhaltiger Konsum und sozialer Ausgleich

Zurück zur sozialen Marktwirtschaft, die sozialen Ausgleich und soziale Gerechtigkeit anstrebt – wie würde diese im optimalen Falle mit einer solchen Lock-in-Situation umgehen?

Um Konsum nachhaltig zu gestalten, gilt es sozialen Ausgleich und soziale Gerechtigkeit zu schaffen – das gilt für materiellen Konsum genauso wie für immateriellen wie z.B. eigene Entfaltung und Bildung, Anerkennung und Wertschätzung, Zuwendung und Liebe. Nachhaltig handeln in einem demokratiebasierten Gesellschaftssystem kann nur sozialverantwortliches Handeln meinen, das Eigen- und Gemeinwohl in der Balance zu halten sucht, und dies im offenen Diskurs. Es benötigt Orte, an denen dies exploriert und erfahren werden kann, an denen gewollte Gestaltung Form und Struktur erfährt, die materiell wie immateriell erlebt werden kann. Diese Prozesse machen erfahrbar, dass Entscheidungen ein Für und Wider, Vor- wie Nachteile mit sich bringen, für die man selbst Verantwortung tragen kann und muss. Die, sind sie falsch gewesen, revidierbar sein müssen, sind sie richtig gewesen, forciert werden können und ausgehalten werden müssen, wenn sie sich als zuträglich erweisen. Systeme müssen in ihrem Für und Wider als gestaltbar erfahrbar werden, sollen sie denn nicht im- oder explodieren.

> *„Die Forschung zeigt: Je höher das soziale Kapital und die soziale Kohäsion in einem Land (oder auch einer Stadt) ausgeprägt sind und je geringer soziale Ungleichheiten ausfallen, desto höher ist die durchschnittliche Lebenszufriedenheit und desto weniger Gewalt und Kriminalität, Krankheiten, Angst und soziales Misstrauen und demzufolge Risiken für die gesellschaftliche Stabilität finden sich.“* (WBGU 2016, S. 11)

Konsum ist nachhaltig als Medium gesellschaftlicher Interaktion, die soziale Auseinandersetzung ermöglicht, über all die Dinge, die uns wichtig sind. Konsum hat eine performativ-symbolische Dimension, mit Ernst Cassirer (2010) ließe sich der Konsum in diesem Sinne auch unter die „symbolischen Formen“ rechnen, der eben nicht nur konkrete pragmatische Bedürfnisse befriedigt, sondern gleichermaßen auch als Ausdruck, als Darstellung und Bedeutung funktioniert. Produktion und Wirtschaft kann diese Auseinandersetzung begleiten und gewollte Gestaltungsansätze materialisieren. „Güter sind Kommunikationsereignisse." (Priddat 2007, S. 204).

In diesem Sinne unser Tun und Wirken aufzustellen, diese Kommunikationsereignisse zu gestalten für den offenen Diskurs und diesen mit wissenschaftlichen Daten zu unterlegen, wäre ein Beitrag, den Weg der Nachhaltigkeit miteinander zu gehen statt gegeneinander. Wir nehmen die Aufgabe auf, Design für Nachhaltigkeit zu entwickeln, also Konsumgüter oder besser Bedarfsgüter für ein gutes Leben innerhalb der planetaren Grenzen oder Korridore.

4. Konsum ist nicht-nachhaltig

Dem Begriff des Konsums ist aber schon von seiner Etymologie her (dem lateinischen consumere), das aufzehrende, erschöpfende, vernichtende Verbrauchen eingeschrieben (Georges 1998): wie die Flammen etwas verzehren, so zehrt der Konsum an den vorsorgenden Vorräten. Die oikonomika techne, die Kunst des umsichtigen Wirtschaftens mit den zu Gebote stehenden Gütern und Mitteln, wie es in der attischen Polis verstanden wurde, ist gewissermaßen das Gegenstück zum lateinischen consumere, das vom tiefsten Wortsinn her gebotene Leitplanken einreißt.

Die sozial-ökologische Marktwirtschaft wiederum sucht nach dem Ausgleich zwischen den sozialen und den ökologischen Leitplanken unserer individuellen und kollektiven Handlungsmuster (Radermacher et al. 2011).

Sie nimmt also die Aufgabe in den Fokus, allen Menschen ein gutes Leben zu ermöglichen und die Ökosysteme zu erhalten und zu schonen. Hierbei spielt der Fokus der Ressourcengerechtigkeit eine bedeutende Rolle – wieviel Ressourcen hat ein Mensch zur Verfügung, um dieses Leben ausgestalten zu können? Welche Ungleichheiten zeigen sich hier in einer Gesellschaft und zwischen ihnen? Bei einem Zielwert von 8 Tonnen pro Kopf und Jahr ist in den Ländern wie auch weltweit eine sehr unterschiedliche Verteilung von Ressourcen pro Kopf zu verzeichnen. Dies reicht von nur wenigen Tonnen pro Kopf und Jahr bis auf über 100 Tonnen Ressourcen und mehr pro Kopf und Jahr – innerhalb von Städten und Regionen, in und zwischen Ländern (WU Vienna – Institute for Ecological Economics 2018). In Deutschland konsumieren wir im Durchschnitt etwa 30 t pro Kopf und Jahr (vgl. Buhl, Teubler, Stadler 2017, S. 4), also in etwa

4mal so viel wie nachhaltig wäre (Lettenmeier et al. 2014). Mit diesen Pro-Kopf-Verbräuchen ist die Inanspruchnahme von Produkten und Dienstleistungen eng verknüpft. Der Ressourcenrechner (www.ressourcen-rechner.de), der über 200.000 Teilnahmen vollständiger Art zählt und für den etwa 50.000 Datensätze anonym mit sozioökonomischen Daten vorliegen, zeigt für die meisten Akteure keinen Zusammenhang mehr von Ressourcenkonsum (= Mehrkonsum) und Lebenszufriedenheit (Buhl, Liedtke, Bienge 2017). In Deutschland haben wir demnach soziale Gruppen, die wie Gerhard Schulze (2003) es nennen würde, in einer Ankunftsgesellschaft leben. Das heißt, sie haben ein solches Konsumniveau erreicht, das ein mehr an Konsum für sie selbst nicht mehr sinnhaft erscheint. Dies ergibt eine außergewöhnliche Chance, für die Gestaltung eines nachhaltigen Morgens zu lernen, in der hoffentlich immer mehr Menschen in einer solchen Situation gut leben können. Sie orientieren sich mehr und mehr an Zeitwohlstand – also mit der Frage, mit welchen Tätigkeiten die begrenzte Ressource Lebenszeit gewissermaßen verbraucht werden soll (Buhl, Schipperges, Liedtke 2017). Das, was Ludwig Erhard 1957 beschrieb, dass die Gesellschaft, so sie denn zu Wohlstand gekommen sei, das *Maß halten* als Wert sich aneignen möge, um sich auf die soziale und kulturelle Entwicklung zu konzentrieren, scheint allerdings auf einem Niveau von Konsum erreicht, das zumindestens ökologisch nicht nachhaltig ist. Ökologische Grenzen sind nachweislich überschritten (vgl. Schmidt-Bleek 1993, 2007; Schneidewind 2018, S. 14). Die Aufgabe unserer Forschung besteht daher darin, nachhaltige Produkte und Dienstleistungen mit den Menschen zu entwickeln, die ein gutes Leben mit nachhaltigem Konsum ermöglichen und sich im Rahmen der eigenen und weltweiten planetaren Grenzen bewegen (Liedtke 2018; Liedtke et al. 2013). Welche Formen und Vielfalten der Konsum hierin annimmt, ist offen – allein Grundgesetz, Verfassung und Recht, auf die wir uns demokratisch und im hoffentlich offenen Diskurs geeinigt haben, sind hier die begrenzenden Faktoren. Bisher hat solche Produkte und Dienstleistungen kaum jemand gestaltet und gezeigt, noch breit in den Markt gebracht. Das ist die eigentliche Chance für die Gestaltung einer sozial-ökologisch nachhaltigen Gesellschaft und Wirtschaft – wir haben es eben noch gar nicht versucht in der Gänze unserer Möglichkeiten und Fähigkeiten.

5. *Konsum benötigt Kontexte für Nachhaltigkeit oder Nicht-Nachhaltigkeit*

Konsum ist nur in dieser Ambiguität, als These und Anti-These zugleich, in der Lage, bestehende kollektive Handlungsmuster wie das der protestantischen Ethik und der sich daraus entwickelten Form von Marktwirtschaft und psychologischer Befriedigung sowie der aus der katholischen Ethik entwickelten Entwicklungshilfe, (heute -zusammenarbeit), zu verändern und permanent zu reflektieren. Beide Handlungsmuster prägen unser gesellschaftliches und wirtschaftliches Tun heute noch. Die These und Anti-These im Leben auszuhalten – die Kunst der Ambiguitätstoleranz (vgl. Bauer 2018, S. 13ff) , hilft, das zu gestalten, was man eigentlich anstrebt. Es hält wach und empfindsam für eine gesellschaftliche Balance der Vielen mit dem und der Einzelnen. Für die menschliche Kompetenz sind dies komplexe Anforderungen, die man nach Vester (2000) nur ebenso komplex beantworten kann. Die letzten 500 Jahre sind insbesondere prägend für unser heutiges Wirtschaften. Wie sich aus den Werthaltungen und Denkmustern der konfessionsbeeinflussten letzten 500 Jahren eine Wirtschaftsethik entwickeln konnte, so kann sich diese auch gewollt verändern – vorausgesetzt freilich, dass die historischen Muster als solche identifiziert, reflektiert und modifiziert werden. Bei der Geschwindigkeit, die Veränderungen heute aufnehmen, wird es uns mit Klugheit und Weisheit möglich sein, dies in eine Ankunfts- und Verantwortungsethik umzuwandeln, die natürlich mit der von Max Weber ins Wechselspiel gebrachten Gesinnungsethik ausbalanciert werden kann (bezgl. Ankunftsgesellschaft vgl. Schulze 2003). In einer dialektischen Volte könnte sich gerade der von Luther am Anfang seiner Theologie in der Rechtfertigungslehre vehement attackierte Ablasshandel als ein besonders wirksames Mittel zur Befreundung mit einem ressourcenleichten Lebensstil werden: Als kompensatorischer Ablass in Form von CO_2-Zertifikaten auf industrieller Ebene und als Ablasshandel mit sich selbst, um ganz individuelle Präferenzen auf dem Weg zu einem deutlich leichteren Lebensstil realisieren zu können: Konsum ist nicht aus sich heraus nachhaltig oder unnachhaltig, sondern wirkt im Kontext unserer gesamten individuellen wie sozialen Praktiken.

Die SDG (United Nations o.J.), die Nachhaltigkeitsziele der Vereinten Nationen, auf die sich 193 Staaten geeinigt haben, sind ein erster bedeutender Anfang – sie verharren aber in der Logik einer Gesinnungsethik, im vorherrschenden kollektiven Handlungsbewusstsein des Mehr und des Meins als im Fokus einer Ressourcengerechtigkeit. Lösungen, die dem *Menschsein* nahekommen, können daher nicht im Nachhaltigkeits-Katechismus einer sittlichen Elite enden. Sie benötigen sogar die Gegenthese, aber nicht um sich darüber abzugrenzen und selbst zu definieren (vgl. Blühdorn 2013), sondern um die ambigen Logiken für die Lösungssuche zu nutzen.

Literatur

Bauer, Thomas. 2018. *Die Vereindeutigung der Welt – Über den Verlust an Mehrdeutigkeit und Vielfalt*. Stuttgart: Reclam.

Blühdorn, Ingolfur. 2013. *Simulative Demokratie – Neue Politik nach der postdemokratischen Wende*. Berlin: Suhrkamp.

Buhl, Johannes; Teubler, Jens; Liedkte, Christa, und Karin Stadler. 2017. *Der Ressourcenverbrauch privater Haushalte in NRW*. Wuppertal: Wuppertal Institut.

Buhl, Johannes; Liedtke, Christa, und Katrin Bienge. 2017. „How much environment do humans need? Evidence from an integrated online user application linking natural resource use and subjective well-being in Germany". *Resources 6* (67).

Buhl, Johannes; Schipperges, Michael, und Christa Liedtke. 2017. „Die Ressourcenintensität der Zeit und ihre Bedeutung für nachhaltige Lebensstile". In Kenning, Peter; Oehler, Andreas; Reisch, Lucia, und Christian Grugel (Hrsg.). *Verbraucherwissenschaften*. Wiesbaden: Springer Gabler, 295-311.

Cassirer, Ernst. 2010. *Philosophie der symbolischen Formen*. Leipzig: Felix Meiner.

Draser, Bernd. 2014. „Die tröstliche Schönheit des Scheiterns". *factory Magazin für nachhaltiges Wirtschaften*. Thema Sisyphos. Nr. 2/2014.

Erhard, Ludwig. 1964. *Wohlstand für Alle*. Düsseldorf: Econ.

Franziskus [Papst]. 2015. *Laudato si'. Über die Sorge für das gemeinsame Haus*. Katholisches Bibelwerk Stuttgart.

Funke, Peter. 2007. *Athen in klassischer Zeit*. München: Beck.

Georges, Heinrich. 1998. *Ausführliches lateinisch-deutsches Handwörterbuch*. Stichwort cōnsūmo. Darmstadt: WBG.

Jonas, Hans. 2003 [1979]. *Das Prinzip Verantwortung*. Frankfurt am Main: Suhrkamp.

Kolb, Frank. 1981. *Agora und Theater, Volks- und Festversammlung*. Berlin: Gebr. Mann.

Lettenmeier, Michael; Liedtke, Christa, und Holger Rohn. 2014. „Eight tons of material footprint: suggestion for a resource cap for household consumption in Finland". *Resources 3* (3): 488-515.

Liedtke, Christa. 2018. „Design for Sustainability". Online zugänglich unter: http://www.sustainablegoals.org.uk/design-for-sustainability, letzter Zugriff: 04.06.2019.

Liedtke, Christa; Buhl, Johannes, und Najine Ameli. 2013. „Designing value through less by integrating sustainability strategies into lifestyles". *International Journal of Sustainable Design 2* (2): 167-180.

Lorenz, Thuri. 1987. „Agora". *Perspektiven der Philosophie* 13: 383-407.

Luther, Martin. 1826. *Briefe, Sendschreiben und Bedenken*. Band 2. Berlin: G. Reimer.

Luther, Martin. 1991. „Am Freitag nach Invocavit. 14. März 1522". In Aland, Kurt. *Luther deutsch. Die Werke Martin Luthers in neuer Auswahl für die Gegenwart.* Band 4. Göttingen: Vandenhoeck und Ruprecht, 86-89.

Pötter, Bernhard. 2016. „35 Jahre Waldsterben. Hysterie hilft". Online zugänglich unter: https://gruener-journalismus.de/hysterie-hilft-waldsterben/.

Priddat, Birger. 2007. „Sprache und Ökonomie: Kommunikation und Markt". In Schmidinger, Heinrich, und Clemens Sedmak (Hrsg.). *Der Mensch - ein „animal symbolicum"?.* Darmstadt: WBG, 195-218.

Radermacher, Franz; Riegler, Josef, und Hubert Weiger. 2011. *Ökosoziale Marktwirtschaft: Historie, Programm und Perspektive eines zukunftsfähigen globalen Wirtschaftssystems.* München: oekom.

Schmidt-Bleek, Friedrich. 1993. *Wie viel Umwelt braucht der Mensch? MIPS – Das Maß für ökologisches Wirtschaften.* Berlin: Birkhäuser.

Schmidt-Bleek, Friedrich. 2007. *Nutzen wir die Erde richtig? Die Leistungen der Natur und die Arbeit des Menschen.* Frankfurt am Main: S. Fischer Verlag.

Schneidewind, Uwe. 2018. *Die Große Transformation – eine Einführung in die Kunst gesellschaftlichen Wandels.* Forum für Verantwortung. Frankfurt am Main: S. Fischer Verlag.

Schulze, Gerhard. 2003. *Die beste aller Welten – wohin bewegt sich die Gesellschaft im 21. Jahrhundert?.* München: Hanser.

Statista. 2014. „Anzahl der Verkäufe von SUV in Deutschland von 2001 bis 2020". Online zugänglich unter: https://de.statista.com/statistik/daten/studie/322234/umfrage/suv-neuzulassungen-in-deutschland/, letzter Zugriff: 04.06.2019.

United Nations. o.J. Sustainable Development Goals Knowledge Platform (Homepage). Online zugänglich unter: https://sustainabledevelopment.un.org/, letzter Zugriff: 04.06.2019.

Vester, Frederic. 2000. *Die Kunst vernetzt zu denken: Ideen und Werkzeuge für einen neuen Umgang mit Komplexität.* Stuttgart: Deutsche Verlags-Anstalt.

Weber, Max. 2013. *Die protestantische Ethik und der Geist des Kapitalismus.* Vollständige Ausgabe. München: Beck.

White, Lynn. 1967. „The Historical Roots of our Ecological Crisis". *Science* 155 (3767), 1203-1207.

WBGU – Wissenschaftlicher Beirat der Bundesregierung Globale Umweltveränderungen. 2011. *Welt im Wandel. Gesellschaftsvertrag für eine Große Transformation. Hauptgutachten.* Berlin: WBGU.

WBGU – Wissenschaftlicher Beirat der Bundesregierung Globale Umweltveränderungen. 2016. *Der Umzug der Menschheit. Die transformative Kraft der Städte. Hauptgutachten.* Berlin: WBGU.

WU Vienna – Vienna University of Economics and Business – Institute for Ecological Economics. 2018. Materialflows.Net (Homepage). Online zugänglich unter: http://www.materialflows.net/, letzter Zugriff: 04.06.2019.

Partizipation

Partizipative Transformation? – Die zentrale Rolle politischer Urteilsbildung für nachhaltigkeitsorientierte Partizipation in liberalen (Post-)Demokratien

Carolin Bohn und Doris Fuchs

1. Einleitung

Während die Stadt Münster 2017 mit der Entwicklung des „Masterplan 100 % Klimaschutz" begann (Stadt Münster o.J.b), lief parallel die Arbeit an einer Strategie zur Umsetzung der SDGs in Münster im Rahmen des Projektes „Global Nachhaltige Kommune NRW" auf Hochtouren (Stadt Münster o.J.a). Die Ergebnisse dieses Projekts werden wiederum in den Prozess „MünsterZukünfte 20|30|50" einfließen, der die Stadt auf die Herausforderungen der Zukunft vorbereiten soll (ebd.; Stadt Münster o.J.c). Die drei hier beispielhaft aufgeführten Projekte widmen sich nicht nur mehr oder weniger explizit dem Thema Nachhaltigkeit, sondern legen dabei auch großen Wert auf die Einbindung von Bürger*innen durch eine Einbindung der organisierten Zivilgesellschaft in Projektbeiräten (Stadt Münster o.J.d) oder individueller Bürger*innen in Formaten wie Zukunftswerkstätten, Bürger*innenforen oder Zukunftsspaziergängen (Stadt Münster 2017, o.J.b, o.J.e). Partizipation erweist sich dabei nicht nur in Münster als *das* Instrument zur Umsetzung einer Transformation zur Nachhaltigkeit, sondern liegt allgemein im Trend, da sie u.a. als innovations- und akzeptanzfördernd betrachtet wird (s. bspw. Newig et al. 2011; Walk 2008, S. 222ff). Und das nicht nur auf lokaler Ebene – die UN führen im 16. SDG Partizipation explizit als Teilziel auf (UN o.J.) und auch die Rio-Deklaration oder das Aarhus-Übereinkommen unterstreichen ihre Bedeutung (Newig et al. 2011, S. 30).

Trotz des vermehrten Rückgriffs auf die angeblich nachhaltigkeitsfördernde Partizipation macht die Nachhaltigkeitstransformation bestenfalls langsame Fortschritte – Partizipation scheint nicht *per se* transformatives Potenzial zu entfalten (Lövbrand und Khan 2010, S. 52ff; Newig et al. 2011, S. 31). Wie wir in den nächsten Abschnitten aufzeigen, stellen strukturelle Gegebenheiten, wie liberale Normen und post-demokratische Entwicklungen, Partizipation für Nachhaltigkeit vor große Herausforderungen. Die innerhalb von traditionellen partizipativen Prozessen für Nachhaltigkeit gewährten Chancen zur echten Deliberation oder auch zur Einflussnahme der Partizipierenden sind gleichzeitig oft rar gesät. Vor diesem Hintergrund stellt sich die Frage: Wie müssen partizipative Prozesse organisiert sein, um auch in liberalen (Post-)Demokratien transformatives Potenzial entfalten zu können?

Die zentrale These unseres Artikels ist, dass partizipative Prozesse politische Urteilsbildung fördern müssen, um dies zu ermöglichen. Um unsere These zu begründen, werden wir zunächst auf die allgemeine herausfordernde Komplexität einer Partizipation für Nachhaltigkeit eingehen (Abschnitt 2.1) sowie auf die besonderen Herausforderungen, die sich in liberal geprägten Demokratien (2.2) sowie unter postdemokratischen Bedingungen (2.3) ergeben. Eine kurze Zusammenfassung erfolgt im Abschnitt 2.4, in dem wir außerdem abermals auf die Notwendigkeit der Ausrichtung partizipativer Prozesse auf Urteilsbildung hinweisen. Nach einer Darstellung des aristotelischen Verständnisses politischer Urteilsbildung (*„phronesis"*) (3.1) und der Erläuterung ihrer politischen Dimension (3.2), diskutieren wir in Abschnitt 3.3 die Frage: Wie trägt *phronesis* zu einer Transformation zur Nachhaltigkeit durch Partizipation bei? Anschließend veranschaulichen wir Chancen und Bedarfe der Umsetzung politischer Urteilsbildung anhand einer Untersuchung mehrerer im Rahmen staatlich geförderter Forschungsprojekte organisierter nachhaltigkeitsorientierter partizipativer Prozesse (4). Abschließend fassen wir unsere Argumentation zunächst zusammen, um dann aufzuzeigen, dass partizipative Prozesse aktuell nur vereinzelt politische Urteilsbildung fördern und hier Nachholbedarf besteht, um Chancen für einen echten Beitrag von Partizipation zur Nachhaltigkeitstransformation zu ermöglichen.

2. Herausforderungen der Umsetzung einer Transformation zur Nachhaltigkeit durch Partizipation in liberalen (Post-)Demokratien

2.1 Die allgemeine Komplexität einer Partizipation für Nachhaltigkeit

Partizipation für Nachhaltigkeit ist in vielerlei hinsichtlich komplex: mit Blick auf Ziele, Funktionen und Umsetzung. Obwohl verschiedene partizipative Prozesse für Nachhaltigkeit rein nominell das gleiche Ziel verfolgen, können die konkreten Nachhaltigkeitsverständnisse, die im Mittelpunkt solcher Prozesse stehen, sehr unterschiedlich sein. Die Funktionen, die der nachhaltigkeitsorientierten Partizipation zugeschrieben werden, sind dabei zahlreich: Partizipative Verfahren sollen bspw. die Legitimität und die Akzeptanz politischer Entscheidungen steigern oder ihre Umsetzung effektiver machen, sie sollen zur Entwicklung von kreativen Ideen und Handlungsoptionen zur Bewältigung von Nachhaltigkeitsproblemen beitragen, Lernprozesse ermöglichen oder emanzipatorisch wirken (Heinrichs 2005, S. 58f; Newig et al. 2011, S. 28ff). Unter welchen konkreten Bedingungen Partizipation dann tatsächlich zu „nachhaltigeren" Ergebnissen (als Top-down-Entscheidungen) führt, bleibt ebenfalls umstritten (ebd., S. 31; Lövbrand und Khan 2010, S. 52).

Partizipation im Allgemeinen erweist sich weiterhin mit Blick auf ihre Umsetzung als anspruchsvoll und insbesondere nachhaltigkeitsorientierte Partizipation bringt eine Reihe spezifischer Herausforderungen mit sich. Strukturelle Probleme (wie Macht-, Ressourcen- und Wissensasymmetrien sowie damit verbundene Fragen der Gerechtigkeit, der demokratischen Legitimität und der Autorität) erschweren die Herstellung von Inklusivität und Gleichheit, zentraler Anforderungen demokratischer Partizipation (Cornwall 2008, S. 277ff). Je nachdem, wie sie in der Praxis umgesetzt wird, kann Partizipation sogar demokratischen Prinzipien widersprechen, z.B. wenn ungleiche Teilhabe zu einer Zunahme von Ungleichheit und einer Schwächung marginaler Stimmen führt (Böhnke 2011, S. 19; Jörke 2011, S. 14ff). Vor allem die Verwirklichung umfassender Inklusivität ist in Bezug auf Umwelt- oder Nachhaltigkeitsprobleme, die Menschen und Nicht-Menschen an verschiedenen Orten und zu verschiedenen Zeitpunkten betreffen, schwierig (Lövbrand und Khan 2010, S. 55). Mit Blick auf Partizipation auf kommunaler Ebene weist Heike Walk (2008) weiterhin auf mögliche Erschwernisse durch politische bzw. wirtschaftliche Herausforderungen hin (S. 220f). Selbst bzw. vor allem wenn ein erfolgreicher Umgang mit diesen Herausforderungen gelingen sollte, bleiben partizipative Prozesse in verschiedenen Hinsichten äußerst kostenaufwändig. Die Dauer sorgfältig durchgeführter Partizipationsprozesse wirft weiterhin die Frage auf, ob drängende Nachhaltigkeitsprobleme durch sie rechtzeitig adressiert werden können.

2.2 Partizipation für Nachhaltigkeit in liberalen Demokratien

Das Gelingen nachhaltigkeitsorientierter Partizipation wird in liberalen Demokratien zusätzlich durch zugrundeliegende liberale Normen und Ideen erschwert. Trotz ihrer Vielfalt kann das Individuum und die Maximierung seiner durch den Staat möglichst minimal einzuschränkenden Freiheit als Kern liberaler Theorien begriffen werden (Schuck 2002, S. 132). Die zu schützende individuelle Freiheit wird tendenziell als Freiheit von staatlicher Intervention begriffen (de Geus 2001, S. 28ff) und drückt sich, der Lesart von Wissenschaftler*innen wie bspw. Barry (2006) zufolge, vor allem durch Konsum und den Erwerb materiellen Wohlstands aus, sodass die Rolle des Einzelnen als Verbraucher*in in den Mittelpunkt rückt (S. 26). Macpherson hat in diesem Zusammenhang den Ausdruck eines Lock'schen „possessiven Hedonismus" geprägt, demzufolge Privateigentum, Märkte und Verträge entscheidend für den sozialen Status und die sozialen Beziehungen seien (1962, zitiert nach Schuck 2002, S. 133). Wie laut Barry (1996) bereits viele Wissenschaftler*innen und Praktiker*innen bemerkt hätten, verlöre angesichts dieser Betonung der individuellen materiellen Wohlfahrt die aktive Beteiligung an der Regierung einer Gemeinschaft an Bedeutung (S. 175). Hebestreit (2013) stimmt hier zu: „Beteiligung der Bürger wird [...] reduziert auf die Teilnahme an regelmäßig stattfindenden Wahlen" (S. 73). Während liberalen Ideen zufolge (nur) eine minimale politische Partizipation von Bürger*innen erwartet wird, erwächst jedoch aus ihrer ausdrücklich wertgeschätzten individuellen Freiheit die dem Liberalismus inhärente Gefahr, dass sie sich für ein Leben in *völliger* Privatheit und ohne *jegliche* Einbringung in öffentliche Belange entscheiden. Selbst für ein auf nur minimale Beteiligung angewiesenes liberal-demokratisches System sei eine *zu* geringe Partizipation aber gefährlich, da sie die Gefahr einer demokratiegefährdenden Konzentration von Macht in den Händen weniger berge, so Schuck (2002, S. 137).

Vor diesem Hintergrund scheint liberalen Demokratien zumindest ideengeschichtlich die Grundlage für die Forderung einer umfassenden bürger*innenschaftlichen Partizipation zu fehlen. Mit Blick auf die Umweltprobleme, die im Kontext einer Partizipation für Nachhaltigkeit unweigerlich adressiert werden müssen, stellt zumindest bestimmten Lesarten einiger liberaler Denker*innen zufolge das Naturverhältnis des Liberalismus eine zusätzliche Herausforderung dar. So argumentiert Bell (2005) z.B., dass es der Liberalismus bis heute versäumt habe, die fundamentale Abhängigkeit des Menschen von der Natur zu erfassen (S. 182).

2.3 Partizipation für Nachhaltigkeit unter post-demokratischen Bedingungen

Die sog. Postdemokratie-Diagnose beschreibt als krisenhaft bewertete Veränderungen westlich-liberaler Demokratien, die durch ein Zusammenfallen der Hegemonialwerdung des Neoliberalismus mit anderen Entwicklungen ausgelöst worden seien. Zu den spezifischen Auswirkungen zählt, Schaal und Ritzi (2012) zufolge, eine Verschiebung von den ehemals politischen Begründungslogiken des demokratischen Institutionensettings zu ökonomischen Begründungslogiken, die sich durch eine Orientierung an „Marktkonformität, Wettbewerbsfähigkeit und Effizienz" auszeichneten (S. 7). Weitere Facetten der Postdemokratie seien die, laut Claudia Ritzi (2014) v.a. von Rancière betonten, Elemente Entpolitisierung (S. 40) und Konsensorientierung (S. 34).

Mit Blick auf die politische Partizipation ist besonders relevant, dass von einer Veränderung der Selbstverständnisse der Bürger*innen durch die postdemokratischen Bedingungen ausgegangen wird: Das postdemokratische Individuum denke eher als *homo oeconomicus*, denn als demokratische*r Bürger*in. Entsprechend erscheine die Delegation der Vertretung der eigenen Anliegen im politischen Prozess an Expert*innen als rationale Strategie (Schaal und Ritzi 2012, S. 13f).

Diese postdemokratischen Bedingungen erschweren Partizipation für Nachhaltigkeit in vielerlei Hinsicht. Trends wie die Fokussierung auf effiziente Lösungen „in der Sache", die unter Hinzuziehung von Expert*innen und möglichst ohne ausführliche und/oder kontroverse Diskussion normativer Fragen erarbeitet werden, lassen sich als postdemokratische Effekte deuten. Für Nachhaltigkeit wäre jedoch gerade auch eine normative Diskussion zentral. Die Organisator*innen partizipativer Prozesse sehen sich außerdem vor der Herausforderung, den postdemokratischen *homo oeconomiucs* zur eigentlich als irrational betrachteten politischen Teilhabe zu bringen; der häufige Rückgriff auf materielle Anreize in partizipativen Prozessen für Nachhaltigkeit kann als kritisch zu bewertende Antwort auf diese Herausforderung gedeutet werden (gerade auch die Nachhaltigkeitsforschung zeigt, dass extrinsische Anreize nicht ausreichend Potenzial für eine Nachhaltigkeitstransformation entfalten).

Bei der Suche nach Wegen zur Behebung der postdemokratischen Krise wird häufig hoffnungsvoll auf die Zivilgesellschaft verwiesen (s. u.a. Ritzi 2014, S. 106). Gerade mit Blick auf nachhaltigkeitsorientierte Partizipation scheint diese Hoffnung aber trügerisch, wie v.a. Ingolfur Blühdorn (2013) herausarbeitet: Auch er verweist darauf, dass die Delegierung der politischen Einflussnahme an Expert*innen für postdemokratische Bürger*innen rational sei, da sie sich dann der Gestaltung des eigenen Lebens widmen und den Anforderungen der wettbewerbsorientieren „*opportunity society*" (S. 27) nachkommen könnten, gleichzeitig aber weiterhin als autonomes einflussreiches Subjekt erschienen (ebd.). Er zeigt gleichzeitig auf, dass das neue Selbstverständnis der Bürger*innen in mehrfacher Hinsicht fundamental „nicht-nachhaltig" sei (2010, S. 10), da Bürger*innen den Wunsch nach der Verwirklichung von Formen des Wohlstands hätten, die nicht mit ökologischem Denken einhergingen (2013, S. 19) und nur im aktuellen konsumkapitalistischen und „auf Innovation, Rationalisierung und

Effizienz ausgerichtet[en]" (2014, S. 35) System zu verwirklichen seien. Die Entfaltung eines radikalen zivilgesellschaftlichen Potenzials erscheint vor diesem Hintergrund unwahrscheinlich. Eine erfolgreiche Umsetzung von Nachhaltigkeit im Rahmen der partizipativen Demokratie brauche den Aufbau des „normative[n] Kapital[s]" (2010, S. 15) der Bevölkerung und dies bedeute „[...] vor allem die aktive Repolitisierung und Neuverhandlung der gesellschaftlichen Vorstellungen von Freiheit, Individualität, Identität, Selbstbestimmung und Selbstverwirklichung" (ebd.).

2.4 Zwischenfazit

Wie wir zeigten, ist Partizipation schon aufgrund ihrer Komplexität herausfordernd: Unterschiedliche Nachhaltigkeitsverständnisse können im Mittelpunkt partizipativer Prozesse stehen, diese können verschiedene Funktionen haben und Formen annehmen. Die Umsetzung einer demokratischen Prinzipien entsprechenden Partizipation für Nachhaltigkeit ist schwierig und wir wissen (noch) nicht, wann sie tatsächlich nachhaltigere Ergebnisse herbeiführt. Der ideengeschichtlich begründete, eher geringe Stellenwert bürger*innenschaftlicher Partizipation in liberalen Demokratien lässt die Forderung eines umfassenden Engagements von Bürger*innen für Nachhaltigkeit außerdem als gewissermaßen systemfremd erscheinen. Erschwerend kommen die Auswirkungen postdemokratischer Entwicklungen hinzu: Unter den entsprechenden Rahmenbedingungen gibt es nur eine geringe Bereitschaft zur Partizipation – wenn Bürger*innen sich dennoch einbringen, dann dient dieses Engagement im Sinne der Postdemokratie-These oft der Durchsetzung ihrer individuellen, nicht-nachhaltigen Interessen.

Nachhaltigkeitsorientierte Partizipation hat folglich in liberalen (Post-)Demokratien nur dann die Chance, transformatives Potenzial zu entwickeln, wenn sie es schafft, diesen Herausforderungen etwas entgegenzusetzen. Liberale (Post-)Demokratien stehen vor der Aufgabe, Partizipation umzusetzen, die Bürger*innen als solche adressiert und nicht als auf das Privatleben fokussierte *homines oeconomici*, die eine politische Diskussion der mit Nachhaltigkeit verbundenen Wertefragen fördert und damit auch die Voraussetzung für eine gemeinwohlorientierte Interessentransformation schafft. Gleichzeitig sollte innerhalb partizipativer Prozesse das Wissen von Bürger*innen geschätzt und Kontrolle an sie abgegeben werden. Diese Forderungen nehmen zwar auch Bürger*innen in die Verantwortung, jedoch v.a. staatliche Institutionen, die eine entsprechende Form der Partizipation ermöglichen müssen.

Wir argumentieren daher dafür, Partizipation für Nachhaltigkeit auch in liberalen (Post-)Demokratien an einem Konzept auszurichten, das republikanischem Gedankengut entspricht, nämlich dem der politischen Urteilsbildung. Während politische Urteilsbildung als Thema der politischen Theorie von vielen Wissenschaftler*innen implizit oder explizit verhandelt wird, findet sich eine grundlegende ausführliche Beschreibung bei Aristoteles. Wir werden sein Konzept der politischen Urteilsbildung, der sog. *phronesis*, im folgenden Abschnitt erläutern, um anschließend begründen zu können, warum es dabei helfen kann, die Herausforderungen der Umsetzung einer Transformation zur Nachhaltigkeit durch Partizipation in liberalen (Post-)Demokratien zu bewältigen.

3. *Politische Urteilsbildung* (phronesis), *ihre politische Dimension und ihr Beitrag zur Umsetzung einer Transformation zur Nachhaltigkeit durch Partizipation*

3.1 *Phronesis*

Phronesis, wie Aristoteles sie versteht, ist eine der fünf intellektuellen Tugenden (Surprenant 2012, S. 223). Sie ist insofern komplex, als dass ihre Ausübung in drei Schritten erfolgt: Deliberation, Entscheidungsfindung und tatsächliches Handeln gemäß dieser Entscheidung. Wichtig ist, dass *phronesis* um die richtigen Mittel zu einem bestimmten Zweck kreist und nicht um diesen Zweck selbst. Das grundlegende Ziel, das *phronesis* immer anstrebt, ist, nach Surprenants Lesart von Aristoteles, *eudaimonia* – dieser Begriff beschreibt ein spezifisches Verständnis des guten Lebens (ebd., S. 221). Andere Wissenschaftler*innen betonen, die Deliberation im Zuge der *phronesis* solle sich immer auf die Diskussion alternativer möglicher Vorgehensweisen in einer spezifischen Situation konzentrieren (Harwood 2011, S. 46f; Osbeck und Robinson 2005, S. 68). Darüber hinaus sei die für die *phronesis* notwendige Art der Deliberation anspruchsvoll, da sie sowohl allgemeine Prinzipien berücksichtigen als auch den besonderen räumlichen und zeitlichen Umständen einer Situation Rechnung tragen müsse (Beiner 2010, S. 72f). Hier deutet sich bereits an: *phronesis* braucht verschiedene Arten von Kenntnissen: Wissen über die menschliche Natur im Allgemeinen (Beiner 2010, S. 72f; Flyvbjerg und Sampson 2011: S. 5), ein gewisses Maß an theoretischem Wissen und vor allem praktisches Wissen über die besonderen Umstände der Situation, die eine Entscheidung erfordert (Flyvbjerg und Sampson 2011, S. 57f).

Die Deliberation sollte zum nächsten Schritt führen: Entscheidungsfindung. An dieser Stelle ist es wichtig, rhetorisch präzise zu sein, denn Aristoteles spricht bewusst von einer „Entscheidung" – nicht von einer „Wahl". Devettere (2002) weist darauf hin, dass „Wahl" bedeute, zwischen bereits gegebenen Optionen zu entscheiden, während „Entscheidungsfindung" im aristotelischen Verständnis bedeute, frei und bewusst eine von verschiedenen Ideen zum Vorgehen in einer bestimmten Situation zu wählen, die zuvor von den Urteilsbildenden im Zuge der Deliberation entwickelt wurden (S. 109ff). Wenn die Akteure in dieser Weise vorgehen und dann eine solche freiwillige und bewusste Entscheidung darüber treffen würden, was in einer bestimmten Situation das angemessene Vorgehen wäre, würde aber dies noch nicht bedeuten, dass sie bereits *phronesis* praktizieren. Aristoteles, wiederum nach Devettere, spräche nur dann von *phronesis*, wenn sie auch nach ihrer Entscheidung handeln, denn *phronesis* „deliberiert, entscheidet und ordnet an und vollzieht dann die Entscheidung" (ebd., S. 113; Übersetzung der Verf.).

Gelingende *phronesis* kann weiterhin nicht ohne die Einbeziehung von Emotionen, v.a. Sehnsucht und Empathie, praktiziert werden. Die Sehnsucht soll uns dazu motivieren, eine Entscheidung zu treffen und um ihrer selbst willen in die Tat umzusetzen, was wesentlich ist, denn „echte [..] Tugend [...] liegt nur dann vor, wenn eine Person tatsächlich Deliberation betrieben hat und dann persönlich entscheidet, die tugendhaften Handlungen um ihrer selbst willen auszuführen" (ebd., S. 124; Übersetzung der Verf.). Empathie, so verstehen verschiedene Wissenschaftler*innen Aristoteles Ausführungen zur *phronesis*, ist als Ergänzung zum praktischen Wissen notwendig, denn sie verlangt von uns, eine Situation nicht distanziert und unberührt zu beurteilen, sondern sie „mit den anderen zu durchdenken und zu erfahren" (Gadamer, zitiert in Beiner 2010, S. 78; Übersetzung der Verf.).

Angesichts der Komplexität der *phronesis* stellt sich die Frage: Wie wird man ein *phronimos*, d.h. eine *phronesis* praktizierende Person? Millers (2000) Auslegung von Aristoteles zufolge wird niemand als *phronimos* geboren. Ein Mensch möge das Potential haben, die *phronesis* zu lernen, aber die Entfaltung dieses Potentials geschehe nicht „von Natur aus, sondern durch Habitualisierung" (S. 329) und erfordere „Lernen über und Eingewöhnung in das Rechtssystem einer *polis*" (S. 339; Übersetzung der Verf.). Für Harwood (2011) braucht das Erlernen von *phronesis* vor allem die ständige Konfrontation mit Situationen, die eine Entscheidung erfordern und damit in erster Linie Erfahrungsgewinn, da dieser es uns ermögliche, die besonderen Elemente einer bestimmten Situation richtig zu erfassen und zu beurteilen (S. 53; Flyvbjerg und Sampson 2011, S. 57).

3.2 Die politische Dimension der *phronesis*

Ein genauerer Blick auf Aristoteles' Menschenbild und seinen Begriff des Glücks (*eudaimonia*) offenbart den kollektiven und politischen Charakter der *phronesis*. Aristoteles, so Roberts (2006), „betrachtet Individuen als im Wesentlichen sozial oder politisch in einem Sinne, der das Wohl jedes Einzelnen mit dem Wohl seiner Mitbürger verbindet" (S. 353; Übersetzung der Verf.). Als solche haben die Menschen den Wunsch zum Zusammenleben und seien darauf angewiesen, in einer geordneten *polis* zu leben, denn nur dort könnten sie ein gutes Leben verwirklichen (ebd., S. 353; Miller 2000, S. 328f; Surprenant 2012, S. 226). Eine geordnete *polis*, argumentiert Schofield (2006), zeichne sich dadurch aus, dass jede*r Bürger*in die Möglichkeiten zur Gestaltung habe (S. 318). Ein weiteres Merkmal, ergänzt Surprenant (2012), sei, dass „die Handlungen aller Mitglieder darauf ausgerichtet sind, was das Gemeinwohl oder das Beste für die *polis* als Ganze ist" (S. 224f). *Phronesis* braucht also bestimmte individuelle Fähigkeiten und v.a. Erfahrungen und ist gleichzeitig nur in einer „gut geordneten" *polis* praktikabel, die Partizipationschancen und damit Gelegenheiten für politische Urteilsbildung bietet. *Phronesis* wiederum ist selbst notwendig für die Verwirklichung der *eudaimonia* der *polis* und ihrer Bürger*innen. Daraus folgt, dass sowohl einzelne Bürger*innen als auch die *polis* als Kollektiv ein Interesse an der Förderung der politischen Urteilsbildung haben sollten. Dieses gemeinsame Interesse resultiert wiederum in einer gemeinsamen Verantwortung: Während die Bürger*innen sich u.a. das für die *phronesis* notwendige Wissen aneignen und an der Regierung der *polis* beteiligen sollten, muss die *polis* wiederum für die *phronesis* förderliche Bedingungen schaffen.

3.3 Wie trägt *phronesis* zu einer Transformation zur Nachhaltigkeit durch Partizipation bei?

Aus unserer Sicht ist die politische Urteilsbildung zwar sehr anspruchsvoll, aber für die herausfordernde Umsetzung einer Nachhaltigkeits-Transformation durch Partizipation in liberalen (Post-)Demokratien essentiell, was wir nun begründen werden.

Partizipative Prozesse für Nachhaltigkeit schreiben, wenn sie politische Urteilsbildung fördern, Teilnehmer*innen *und* staatlichen Akteuren Verantwortung zu. Letztere müssen in diesem Sinne partizipations- und urteilsfördernde Strukturen schaffen; sie sollten Bürger*innen z.B. durch die Förderung intrinsischer Motivation zur Teilnahme an partizipativen Prozessen bewegen. Dabei geht es nicht darum, schwer zu rechtfertigende Hoffnung in bürger*innenschaftliche Initiativen zu setzen oder ein Übermaß von Verantwortung auf einzelne Bürger*innen zu übertragen. Stattdessen muss die Schaffung von Rahmenbedingungen erfolgen, die postdemokratischen Entwicklungen wie der Entpolitisierung und der Dominanz neoliberaler Marktlogiken etwas entgegensetzen: Urteilsfördernde partizipative Prozesse sind nicht an effizienten und marktkonformen Lösungen interessiert. Sie fördern vielmehr die ausführliche Deliberation zwischen Bürgerinnen, die nicht der Verwirklichung von Eigeninteressen dient, sondern darauf abzielt, diese im Zuge eines emphatischen Perspektivwechsels zu hinterfragen. Idealerweise ergibt sich daraus eine Transformation der individuellen zu gemeinwohlinteressierten Interessen. Selbst wenn Teilnehmer*innen als postdemokratischer *homo oeconomicus* in partizipative Prozesse mit Fokus auf politische Urteilsbildung hineingehen, ist die Erwartung, dass sie durch das Durchlaufen dieser Schritte schließlich stärker als Bürger*innen denken. Entscheidend ist in diesem Zusammenhang auch, dass diese Prozesse die Teilnehmer*innen durchweg als Bürger*innen und nicht als Konsument*innen adressieren. Sie sollten den Teilnehmenden weiterhin nicht nur Raum zur Entwicklung eigener Ideen zum Vorgehen in einer bestimmten Situation geben, sondern auch ihre bewusste und freie Entscheidung für eine Idee sowie deren Umsetzung in konkrete Handlungen fördern. Auf diese Weise würde nicht nur die Manipulation oder Instrumentalisierung bürger*innenschaftlicher Teilhabe zumindest erschwert, sondern auch ausdrücklich Einflussnahme der Bürger*innen ermöglicht. Indem solche Prozesse Wert darauf legen, dass Entscheidungen intrinsisch motiviert in die Tat umgesetzt werden, setzen sie außerdem einen Kontrapunkt zur Nutzung extrinsischer Anreize. Die Wertschätzung des praktischen Wissens der Teilnehmenden, die bewusste Einbeziehung von Emotionen und die Förderung von Empathie tragen darüber hinaus nicht nur zur politischen Urteilsbildung bei, sondern wirken außerdem der kritisch bewerteten Dominanz von Expert*innenwissen sowie der Tendenz, Nachhaltigkeitsprobleme eher in der wirtschaftlichen Sphäre zu managen als sie in der politischen Sphäre zu diskutieren, entgegen.

Insgesamt würde die Ausrichtung von Partizipationsprozessen an der politischen Urteilsbildung also zentrale Herausforderungen der Umsetzung einer Transformation zur Nachhaltigkeit in liberalen (Post-)Demokratien adressieren. Wir plädieren darum dafür, konkrete Möglichkeiten der Ausrichtung partizipativer Prozesse für Nachhaltigkeit auf politische Urteilbildung zu entwickeln. Dabei ist uns natürlich bewusst, dass wir extrem hohe Ansprüche an Partizipationsprozesse stellen, die ja immer noch die strukturellen Herausforderungen einer Gesellschaft mit sehr ungleich verteilten Ressourcen meistern müssen. Nichts desto trotz halten wir die Zielsetzung für so essenziell, dass wir sie auf die Agenda von Forschung und Praxis bringen wollen, damit sie naiven Annahmen über Partizipation für Nachhaltigkeit entgegengestellt und tatsächlich dezidiert verfolgt werden kann. Wie weit die aktuelle Praxis zur Partizipation für Nachhaltigkeit bereits heute (Aspekte der) politische(n) Urteilsbildung in den Blick nimmt, diskutiert der nächste Abschnitt.

4. Illustration

Um zu erkennen, inwieweit politische Urteilsbildung heute bereits in Partizipationsforschung und -praxis berücksichtigt wird, befragen wir sechs Forschungsprojekte, die vom Bundesministerium für Bildung und Forschung (BMBF) und seinem Rahmenprogramm für Nachhaltigkeitsforschung (FONA) im Rahmen der Fördermaßnahme „Umwelt und Sozialverträgliche Transformation des Energiesystems" (2013 – 2016) gefördert wurden. Diese „Fälle" sollten den *state of the art* in der aktuellen Partizipationsforschung widerspiegeln. Zur Durchführung der Untersuchung müssen wir das Konzept politische Urteilsbildung allerdings zunächst operationalisieren und formulieren dafür sieben Leitfragen, die den Blick auf seine Kernelemente lenken:

I. *Zielgruppe: Wer sollte teilnehmen?*

Politische Urteilsbildung ist eine bürger*innenschaftliche Tugend, daher sollten explizit Bürger*innen (statt bspw. Verbraucher*innen) die Zielgruppe partizipativer Prozesse darstellen.

II. *Prozess: Ermöglichen partizipative Prozesse Deliberation, Entscheidungsfindung und Handlung?*

Partizipative Prozesse sollten alle drei Phasen umfassen, um politische Urteilsbildung zu fördern. Wichtig ist außerdem, dass freiwillige und bewusste Entscheidungsfindung erfolgt.

III. *Ziel: Was ist das angestrebte Ziel der Partizipation?*

Da die politische Urteilsbildung auf *eudaimonia* zielt, eine kollektiv geprägte Idee des guten Lebens, sollten urteilsfördernde partizipative Prozesse das gleiche Ziel haben.

IV. *Wer trägt Verantwortung?*

Bürger*innen *und* staatliche Akteure sind für eine erfolgreiche politische Urteilsbildung verantwortlich; beiden Parteien sollten daher klare Zuständigkeiten zugesprochen werden.

V. *Motivation: Was soll Menschen zur Partizipation bewegen?*

Aristoteles spricht an diesem Punkt über die Sehnsucht, was wir bei der Untersuchung unserer Fälle als die Notwendigkeit intrinsischer Motivation verstehen werden.

VI. *Wissen: Wird praktisches Wissen ausreichend wertgeschätzt?*

Gelingende politische Urteilsbildung braucht theoretisches, v.a. aber praktisches Wissen. Aufgrund der besonderen Bedeutung praktischen Wissen untersuchen wir unsere Fälle auf seine besondere Wertschätzung hin.

VII. *Werden Emotionen und Empathie als positive Elemente in partizipative Prozesse integriert?*

Emotionen und Empathie spielen eine wesentliche Rolle für die politische Urteilsbildung; entsprechend ausgerichtete partizipative Prozesse sollten diese Elemente integrieren.

Ziel der BMBF-Maßnahme, in deren Rahmen die als Untersuchungsmaterial dienenden sechs Forschungsprojekte gefördert wurden, war es, neue Lösungen für die vielfältigen Herausforderungen der Energiewende und den beabsichtigten Paradigmenwechsel im deutschen Energiesystem zu finden (BMBF o.J.). Von den insgesamt geförderten 33 Projekten beinhalteten einige Partizipation als ein Element unter vielen anderen, andere als Hauptforschungsthema. Mit dem Ziel, sinnvolle explorative Einblicke in die (forschungs-)praktische Umsetzung politischer Urteilsbildung zu gewinnen, wählten wir sechs Projekte, die partizipativen Prozessen einen besonderen Stellenwert einräumen und sie im Internet umfassend dokumentieren. Diese sechs Projekte sind (nach ihrer eigenen Darstellung):

I. „Akzente": Die Einführung von Technologien zum Ausgleich von Energiefluktuationen löst Akzeptanzfragen aus. Das Projekt will Bürger*innen daher bei der Einführung beteiligen um die Akzeptanzchancen zu erhöhen. Außerdem fragt es, an welchen Stellen Bürger*innen aktiv sein können und sollen (Akzente 2014).

II. „DEMOENERGIE": Bürger*innen wollen und sollen an Energiewende-Projekten teilnehmen. Aktuelle Möglichkeiten der Bürger*innenbeteiligung wiesen jedoch Schwächen und Nachholbedarfe auf. „DEMO-

ENERGIE" untersucht lokale Konflikte in diesem Kontext sowie Potenziale und Nutzen von Bürger*innenbeteiligung (DEMOENERGIE 2014).

III. „Dezent Zivil": Die deutsche Energiewende führte zur Entstehung einer wachsenden Zahl dezentraler Energieanlagen, auf die Bürger*innen oft eher mit Widerstand als mit Akzeptanz reagieren. In diesem Projekt werden entsprechende Konflikte untersucht, um Konzepte zu ihrer konstruktiven Lösung unter Beteiligung von Bürger*innen zu entwickeln (Dezent Zivil 2014).

IV. „Klima-Citoyen": Die Energiewende hängt von der Akzeptanz der Bürger*innen und von ihren Beiträgen ab. Im Hinblick auf diese Anforderung agieren Bürger*innen in verschiedenen Rollen, z.B. als Verbraucher*innen, Energieproduzent*innen und Investor*innen. Das Projekt entwickelt Möglichkeiten der Bürger*innenbeteiligung in Fragen der Erzeugung und des Verbrauchs erneuerbarer Energien und der Energieeffizienz (Klima-Citoyen 2014).

V. „KomMA-P": Die erfolgreiche Umsetzung der Energiewende hänge von der Akzeptanz der Bürger*innen ab. KomMA-P untersucht niedrigschwellige Möglichkeiten der Beteiligung von Bürger*innen an der Energiewende, da ihre Teilhabe unter bestimmten Voraussetzungen zu einem besseren Verständnis von Entscheidungen und deren Akzeptanz führen kann (KomMA-P 2014).

VI. „Lokale Passung - Lokal und sozial": Neue Energiesysteme müssen den Energiebedürfnissen und -präferenzen lokaler Bürger*innen entsprechen und Städte tragen dabei die Hauptverantwortung für die Entwicklung entsprechender Maßnahmen. Vor diesem Hintergrund untersucht das Projekt das Potenzial der Bürger*innenbeteiligung bei der Umsetzung der Energiewende auf lokaler Ebene (Lokale Passung 2014).

Wie bereits erwähnt, befragen wir diese Projekte, um zu untersuchen, ob und wie die partizipativen Maßnahmen politische Urteilsbildung gefördert haben, um mehr über die Möglichkeiten ihrer Umsetzung zu erfahren. Wir sind uns bewusst, dass keines der Projekte die erklärte Absicht hatte, politische Urteilsbildung zu fördern. Unsere Diskussion sollte daher nicht als eine Bewertung der Projekte verstanden werden. Mit anderen Worten „testen" wir hier weder eine Hypothese, noch schaffen wir eine Grundlage für die Bewertung der Qualität der Projekte. Wir nutzen die verfügbaren Informationen zu den Projekten lediglich, um in der Praxis Potentiale und Barrieren für die politische Urteilsbildung zu erkennen. Zu diesem Zweck stellen wir nun die sieben oben formulierten Fragen an die sechs Projekte.

4.1 Zielgruppe: Wer soll teilnehmen?

Alle sechs untersuchten Projekte wollen explizit eine Beteiligung von Bürger*innen (teilweise zusätzlich zu anderen Akteuren) (vgl. z.b. Akzente 2014, S. 1; Akzente 2017, S. 8; DEMOENERGIE 2016, S. 6; Dezent Zivil 2016, S. 96f; Klima-Citoyen 2014, S. 1; Klima-Citoyen o.J., S. 6; KomMA-P 2016, S. 11; Lokale Passung 2017, S. 54). Interessanterweise adressieren einige Projekte zwar in erster Linie Bürger*innen, unterscheiden dann aber zwischen verschiedenen Gruppen von Bürger*innen. Sie richten sich bspw. gezielt an Bürger*innen, die Eigentümer*innen oder Vermieter*innen sind (Akzente 2017, S. 34) oder geringe finanzielle Mittel haben (KomMA-P 2014, S. 1). Dies zeigt, dass die Projektteams die Teilnehmer*innen als politische Akteure betrachten – ein erster Schritt in Richtung politischer Urteilsbildung. Allerdings birgt die Zuschreibung zusätzlicher Rollen die Gefahr, die primäre Identifikation der Teilnehmer*innen als Bürger*innen wieder in den Hintergrund zu drängen.

4.2 Der Prozess: Ermöglichen partizipative Prozesse Beratung, Entscheidungsfindung und Handeln?

Politische Urteilsbildung erfordert Deliberation, um die Transformation von Einzelinteressen und die Entwicklung neuer Perspektiven durch Reflexion, Interaktion und Perspektivwechsel zu fördern. Die meisten der untersuchten Projekte beinhalteten zwar eine Art Dialog[1], was allerdings nicht notwendigerweise mit Deliberation gleichzusetzen ist. Die Projekte Akzente, Lokale Passung und Klima-Citoyen initiierten Dialogmöglichkeiten, z.B. in Form von Green Drinks, Zukunftsworkshops oder allgemeinen Treffen von Bürger*innen und anderen Akteuren. Diese scheinen jedoch nicht explizit die Absicht zur Reflexion und Perspektivwechsel zu fördern o.ä. verfolgt zu haben, was darauf hindeutet, dass die partizipativen Elemente die Förderung von Deliberation im Sinne politischer Urteilsbildung verfehlen könnten (Akzente 2017, S. 85f, S. 90ff; Klima-Citoyen o.J., S. 67ff; Lokale Passung 2017, S. 55). Bei Dezent Zivil und DEMOENERGIE hingegen wurden Dialogformate implementiert, die ausdrücklich darauf abzielten, die Nachvollziehbarkeit verschiedener Positionen und eine

---

1 KomMA-P führte Fokusgruppen und Stakeholder-Dialoge durch. Das zentrale partizipative Instrument des Projekts, ein Werkzeug zur Visualisierung von Energieflüssen, bot jedoch keine Möglichkeiten zum Dialog (KomMA-P 2016, S. 35ff).

gehaltvolle Interaktion auf Augenhöhe zu ermöglich (DEMOENERGIE 2016, S. 26f; Dezent Zivil 2016, S. 179f).

Für die politische Urteilsbildung ist weiterhin relevant, ob in den partizipativen Elementen der Prozesse eine freiwillige und bewusste Entscheidungsfindung erfolgte sowie ob die Umsetzung der Entscheidung in konkrete Handlungen Beachtung fand. Die uns zur Verfügung stehenden Informationen ließen nur mit Blick auf das Projekt Lokale Passung den Schluss zu, dass dort Entscheidungsfindung *und* anschließende entsprechende Handlungen bewusst gefördert wurden; dazu diente die Implementierung von Formaten, die auf kollektive Entscheidungen über Maßnahmen zur Förderung der Energiewende abzielten und deren Umsetzung und Überwachung unterstützen (Lokale Passung 2017, S. 35). Das Projektteam betonte, dass die partizipativen Prozesse ergebnisoffen waren und tatsächlich zu unerwarteten Ergebnissen führten, was darauf hindeutet, dass eine kreative Entscheidungsfindung und nicht bloß eine Wahl zwischen vorgegebenen Optionen stattfand (ebd., S. 55). Die übrigen Projekte nahmen vereinzelt die konkreten Handlungen der Teilnehmer*innen in den Blick, jedoch ohne vorher freie Entscheidungsfindung zu fördern, wie z.B. KomMA-P oder Klima-Citoyen. KomMA-P versuchte den Bürger*innen die Entscheidungsfindung zu erleichtern, indem es ihnen Informationen über die Energieerzeugung und den Energieverbrauch in ihrer unmittelbaren Umgebung zur Verfügung stellte, ohne jedoch gemeinsam mit ihnen Ideen zu entwickeln – sie trafen also eher eine Wahl, als im aristotelischen Sinne zu entscheiden (KomMA-P 2016, S. 35ff). Ähnlich verhielt es sich im Projekt Klima-Citoyen, das viele bereits sehr eingeengte und konkrete Maßnahmen umfasste, wie z.B. einen Wettbewerb zur Energieeinsparung, die den Bürger*innen vorgegeben wurden (Klima Citoyen o.J., S. 67f). Für DEMOENERGIE und Dezent Zivil war die Umsetzung der Entscheidungsfindung im aristotelischen Sinne schlicht unmöglich, da beide Projekte partizipative Prozesse in bereits laufende Prozesse einführten, in denen viele Entscheidungen bereits getroffen worden waren oder nicht in den Händen der Bürger*innen lagen (DEMOENERGIE 2016, S. 24f; Dezent Zivil 2016, S. 165, S. 195f).

4.3 Ziele: Was ist das angestrebte Ziel der Partizipation?

Für die politische Urteilsbildung ist wichtig, dass Partizipation gemeinwohlorientierte Ziele verfolgt, was unsere Fälle jedoch nur teilweise tun. Generell wurden in den untersuchten Projekten partizipative Prozesse mit einer Vielzahl unterschiedlicher Zielsetzungen durchgeführt. „Akzeptanz" gehörte zu den häufigsten (vgl. z.B. Akzente 2014, S. 1; Klima-Citoyen o.J., S. 73f; KomMA-P 2014, S. 1; Lokale Passung 2017, S. 57), sowie die Vermeidung oder zumindest die konstruktive Lösung von Konflikten (DEMOENERGIE 2016, S. 26f; Dezent Zivil 2014, S. 1; Dezent Zivil 2016, S. 88). Darüber hinaus diente die Partizipation oft der Bildung: Sie sollte die für die Teilnahme an partizipativen Verfahren notwendigen Kompetenzen herstellen oder fördern (Akzente 2017, S. 3ff; Dezent Zivil 2016, S. 81f; Klima-Citoyen o.J., S. 75). Zielsetzungen wie die Förderung von Problembewusstsein, Sensibilisierung und (langfristigen) Verhaltensänderungen sowie die Aktivierung und Stärkung der Identifikation mit der Region fokussierten darüber hinaus auf die individuelle Ebene (Akzente 2017, S. 31; Klima-Citoyen 2016, S. 8, S. 75; KomMA-P 2016, S. 35ff). Andere Projekte wollten jedoch bspw. durch die Steigerung der regionalen Wertschöpfung, die Gewährleistung der sozialen und ökologischen Verträglichkeit bestimmter Maßnahmen oder die Erhöhung der Steuerungs- und Energieautonomie von Städten (Dezent Zivil 2014, S. 1; Klima-Citoyen 2016, S. 8f) Veränderungen auf kollektiver Ebene bewirken. Auch die Verbesserung partizipativer Prozesse selbst, z.B. durch die Steigerung ihrer demokratischen Qualität, Legitimität, Verständlichkeit oder Funktionalität wurde teilweise angestrebt (DEMOENERGIE 2014, S. 2, S. 26f; Dezent Zivil 2016, S. 81).

Weder Glück noch das gute Leben wurden explizit als Ziele der Projekte genannt. Wir finden jedoch einige Inhalte, die sich in Verbindung mit der aristotelischen *eudaimonia* setzen lassen, nach der das guten Leben des*der Einen immer mit der Lebensqualität der Mitbürger*innen zusammenhängt: Das Projekt „Dezent Zivil" nannte die soziale Verträglichkeit von Maßnahmen als zentralen Faktor und setzte damit die Gemeinschaft als Bezugspunkt (Dezent Zivil 2014, S. 1) und das Projektteam von KomMA-P betonte, dass partizipative Prozesse einen Mehrwert für die Gesellschaft als Ganzes haben sollten (KomMA-P 2016, S. 30).

4.4 Verantwortung: Staat und/oder Teilnehmer*innen - wer trägt Verantwortung?

Im Sinne der politischen Urteilsbildung tragen bei der Verwirklichung von *phronesis* Bürger*innen und staatliche Akteure Verantwortung zur Herstellung der für sie notwendigen Bedingungen. In den hier betrachteten Projekten wurde jedoch in einigen Fällen Verantwortung weder inhaltlich spezifiziert noch jemandem zugewiesen, in anderen Fällen skizzierten die Projektteams zwar konkreten Handlungsbedarf, benannten

aber nicht, wer für seine Erfüllung zuständig ist (s. bspw. DEMOENER-
GIE 2016, S. 29). Ausnahmen bildeten die Projekte „Akzente", „Klima-Citoyen" und „KomMA-P". Die Projektteams von „Akzente" und „Klima-Citoyen" richteten explizit an Bürger*innen die Erwartung, aktiv zu werden
und zu verschiedenen Zielen beizutragen, z.B. zu einer Nachhaltigkeitstransformation oder zur Energiewende im Allgemeinen (Akzente 2017,
S. 8, S. 94; Klima-Citoyen 2014, S. 1). Das Projekt „Klima-Citoyen" adres-
sierte zudem Bürger*innen in unterschiedlichen Rollen und verknüpfte
diese mit unterschiedlichen Verantwortlichkeiten (Klima-Citoyen 2014,
S. 1). Auch wenn in diesen Fällen Verantwortlichkeiten der Bürger*innen
beschrieben wurden, so waren sie jedoch wenig umfangreich und eher va-
ge formuliert. Wesentlich ausführlicher und konkreter gehen die untersuchten Dokumente auf staatliche Zuständigkeiten ein. Die Verantwortlichkeiten entsprechender Akteure reichen von der Förderung kommunaler Netzwerke über die Bereitstellung von Räumen für den Dialog bis hin
zur Schaffung regulativer Rahmenbedingungen für Partizipation (insbesondere sozial benachteiligter Bürger*innen) (Klima-Citoyen 2016, S. 21ff;
KomMA-P 2016, S. 30). Ein genauerer Blick auf die Projekte „Akzente",
„Klima-Citoyen" und „KomMA-P" zeigt, dass sie zwar alle spezifische Verantwortlichkeiten zuweisen, jedoch nur „Klima-Citoyen" dies im Sinne politischer Urteilsbildung mit Bezug auf staatliche Akteure *und* Bürger*innen
tut.

4.5 Motivation: Was soll die Menschen zur Teilnahme bewegen?

Politische Urteilsbildung braucht intrinsisch motivierte Partizipation. Unsere Untersuchung zeigt allerdings, dass die Projektteams vor allem auf extrinsische Anreize zurückgreifen, um Partizipation zu fördern, z.B. finanzielle Gewinne durch Energieeinsparungen, verschiedene Zertifikate, die finanzielle Vorteile bringen oder einen guten Ruf fördern können, und soziale Wettbewerbe (Akzente 2017, S. 34; Klima-Citoyen o.J., S. 75, S. 87).
Solche Anreize können auch subtiler sein, etwa wenn partizipative Prozesse an besonders interessanten neuen und normalerweise unzugänglichen
Orten durchgeführt werden (Akzente 2017, S. 90). Trotz der überwiegenden Nutzung extrinsischer Anreize, betonte das Projektteam von „Klima-
Citoyen" zumindest an einer Stelle, dass nicht nur erwarteter Profit, sondern auch Überzeugung eine wichtige Motivation zur Teilhabe darstellt
(Klima-Citoyen o.J., S. 72). Sollten sie politische Urteilsbildung ermöglichen, müssten die Projekte die hier anklingende intrinsische Motivation

deutlich stärker als die aktuell im Mittelpunkt stehende extrinsische Motivation fördern.

4.6 Wissen: Wird praktisches Wissen ausreichend geschätzt?

Wie in Abschnitt 2.1 dargelegt, betrachtet Aristoteles praktisches Wissen als besonders wertvoll, da politische Urteile immer den spezifischen Bedingungen bestimmter Situationen entsprechen müssen und daher Wissen über sie erfordern. Tatsächlich waren sich viele der untersuchten Projekte darin einig, dass es wichtig sei, Maßnahmen und partizipative Prozesse an die jeweiligen (meist räumlichen) Kontexte anzupassen (Akzente 2017, S. 58; DEMOENERGIE 2016, S. 29; Dezent Zivil 2016, S. 81; KomMA-P 2016, S. 34; Lokale Passung 2017, S. 17). Eine ausdrückliche Wertschätzung des praktischen Wissens geht jedoch über die bloße Berücksichtigung und Anpassung an die örtlichen Gegebenheiten hinaus und ist in der Projektdokumentation selten zu erkennen. Nur das Projektteam von „Klima-Citoyen" wies ausdrücklich darauf hin, dass die Kombination des Wissens der Teilnehmer*innen über lokale Gegebenheiten mit anderen Wissenstypen zu einer positiv bewerteten Mischung verschiedener Wissenstypen führe (Klima-Citoyen 2016, S. 20, S. 44).

4.7 Emotionen und Empathie: Werden sie als positive Elemente in partizipative Prozesse integriert?

Nach Aristoteles muss die politische Urteilsbildung Emotionen miteinbeziehen, nur zwei der sechs hier untersuchten Projekte erwähnten Emotionen jedoch überhaupt. „KomMA-P" verwies auf Emotionen als positives Element und empfahl Energiewende-Themen explizit emotional zu framen (KomMA-P 2016, S. 55f). „Dezent Zivil" ging dagegen eher kritisch auf Emotionen ein, betrachtete sie im Kontext emotional aufgeladener Konflikte, und stellte diese emotionale Aufladung als Hindernis für eine konstruktive Konfliktlösung dar. Als „Gegenmittel" wurden Unparteilichkeit und Professionalität empfohlen (Dezent Zivil 2016, S. 82f) sowie die Beschränkung des Ausdrucks von Emotionen auf geschlossene Räume (ebd., S. 128, S. 142). Emotionen erscheinen somit als etwas, das aus der Öffentlichkeit und damit aus dem politischen Bereich ausgeschlossen werden sollte.

Neben Emotionen ist Empathie ein weiterer relevanter Aspekt für das politische Urteilsvermögen. Auch dieses Element griff nur das Projekt „Dezent Zivil" explizit auf. Es schaffte bewusst verschiedene Möglichkeiten zum Austausch *von* Perspektiven, z.B. durch die Erstellung eines Dokumentarfilms, der unterschiedliche Meinungen zum Ausdruck brachte oder durch Visualisierungen, die sinnliche Eindrücke der Windenergie aus unterschiedlichen Perspektiven vermittelten (ebd., S. 184ff). Während diese Maßnahmen darauf abzielten, einen Perspektivwechsel zu ermöglichen, wurde Empathie jedoch nie explizit erwähnt. Das wirft Fragen nach dem Verhältnis von Perspektivwechseln und Empathie auf: Führt Perspektivwechsel immer zu einem empathischen Austausch? Falls nicht, müssten kreative Maßnahmen wie die o.g. evtl. durch weitere Maßnahmen ergänzt werden.

5. Fazit

Wir haben in diesem Artikel argumentiert, dass partizipative Prozesse zur Umsetzung von Nachhaltigkeit politische Urteilsbildung fördern müssen, wenn sie vor dem Hintergrund der herausfordernden Rahmenbedingungen liberaler (Post-)Demokratien transformatives Potenzial entfalten sollen. Basierend auf Aristoteles' Vorstellungen von *phronesis* identifizierten wir die Ansprache der Teilnehmer*innen als Bürger*innen und basierend auf intrinsischer Motivation, die Zuweisung geteilter Verantwortlichkeiten an staatliche Institutionen und Bürger*innen, die Integration von Empathie und Emotionen, ein spezifisches Dreistufendesign mit umfassender Deliberation, freiwilliger und bewusster Entscheidungsfindung und vor allem korrespondierendem Handeln, die Einbeziehung von theoretischem, aber vor allem praktischem Wissen und die Orientierung am Gemeinwohl als Kernelemente partizipativer Prozesse zur Förderung der politischen Urteilsbildung. Sie antworten auf die Herausforderungen, die aus der Komplexität einer Partizipation für Nachhaltigkeit, ideengeschichtlichen Facetten des Liberalismus und postdemokratischen Entwicklungen resultieren.

Um erfassen zu können, inwiefern Partizipationsforschung und -praxis die Einbeziehung von politischer Urteilsbildung aktuell (noch) versäumen, haben wir anschließend sieben Leitfragen mit Bezug auf Kernelemente politischer Urteilsbildung formuliert, die zur Befragung partizipativer Prozesse für Nachhaltigkeit genutzt werden können. Im Sinne einer Veranschaulichung haben wir diese Leitfragen abschließend an sechs Forschungsprojekte gestellt, die sich mit der Umsetzung der Energiewende auseinandersetzen und dabei einen Schwerpunkt auf Partizipation legen.

Wir stellten fest, dass – wenig überraschend – keines der Projekte alle Kernelemente der politischen Urteilsbildung umsetzte. Einzelne Projekte jedoch setzten zumindest einzelne Kernelemente um, indem sie bspw., um den Perspektivwechsel im Rahmen offener deliberativer Formate zu fördern, zur Ergänzung theoretischen, wissenschaftlichen und technischen Wissens durch praktisches Wissen aufforderten oder die Erbringung eines gesamtgesellschaftlichen Mehrwerts anstrebten.

Unsere Illustration unterstreicht, dass die Umsetzung politischer Urteilsbildung sehr anspruchsvoll ist und über das hinausgeht, was heute in partizipativen Projekten üblich ist. Politische Urteilsbildung fordert uns dazu auf, bestimmte oft unhinterfragt übernommene Annahmen zu überdenken, z.B. über die Rolle von Emotionen und praktischem Wissen in partizipativen Prozessen. Sie stellt außerdem ein Plädoyer für die Initiierung weitreichender und umfassender partizipativer Prozesse dar, die diverse Schritte und Ziele beinhalten. Nichtsdestotrotz scheint die Umsetzung politischer Urteilsbildung möglich zu sein – in der einen oder anderen Weise haben die meisten der oben betrachteten Projekte ja bereits einzelne der Anforderungen adressiert.

Weitere Forschung ist erforderlich, um relevante bestehende Prozesse, Mittel und Instrumente für eine erfolgreiche Umsetzung der politischen Urteilsbildung zu identifizieren. In diesem Zusammenhang verweisen wir nochmal an die sieben Leitfragen nach Zielgruppe, Prozessablauf, Zielgruppe, Verantwortungszuschreibung, Motivation der Teilnehmer*innen, Wertschätzung praktischen Wissens und Einbeziehung von Emotionen und Empathie, die an partizipative Prozesse für Nachhaltigkeit gerichtet werden sollten. Natürlich bleiben aber auch weitere Herausforderungen bestehen. Einige dieser Herausforderungen sind Inklusivität und Gleichheit bei der Organisation partizipativer Prozesse in ungleichen Gesellschaften und insbesondere auch die Repräsentation von zukünftigen Generationen und *non-humans* sowie die systematische Befähigung der Teilnehmer*innen zum „Handeln" auf der Basis von Deliberation und Entscheidungsfindung.

Literatur

Akzente. 2014. *Kurzbeschreibung: Akzente. Gesellschaftliche Akzeptanz von Energieausgleichsoptionen und ihre Bedeutung bei der Transformation des Energiesystems.* Bonn: BMBF, Referat Grundsatzfragen Nachhaltigkeit, Klima, Energie & Referat Grundlagenforschung Energie.

Akzente. 2017. *Schlussbericht zum Projekt „Akzente – Gesellschaftliche Akzeptanz von Energieausgleichsoptionen und ihre Bedeutung bei der Transformation des Energiesystems".* Oberhausen und Dresden: Saarbrücken IZES gGmbH, Fraunhofer-Institut für Umwelt-, Sicherheits- und Energietechnik UMSICHT, Orangequadrat Nikol|Umbreit|Langer GbR.

Arnstein, Sherry. 1969. „A Ladder Of Citizen Participation". *Journal of the American Planning Association* 35 (4): 216-224.

Barry, John. 1996. „Sustainability, political judgement and citizenship: Connecting green politics and democracy". In Doherty, Brian, und Marius de Geus (Hrsg.). *Democracy and Green Political Thought.* London: Routledge, 115-132.

Barry, John. 2006. „Resistance Is Fertile: From Environmental to Sustainability Citizenship". In Dobson, Andrew, und Derek Bell (Hrsg.). *Environmental Citizenship.* Cambridge: The MIT Press, 21-48.

Beiner, Ronald. 2010. *Political Judgement.* London: Routledge.

Bell, Derek. 2005. „Liberal Environmental Citizenship". *Environmental Politics* 14 (2): 179-194.

Blühdorn, Ingolfur. 2010. „Nachhaltigkeit und postdemokratische Wende. Zum Wechselspiel von Demokratiekrise und Umweltkrise". *vorgänge. Zeitschrift für Bürgerrechte und Gesellschaftspolitik* 49 (2): 44-54.

Blühdorn, Ingolfur. 2013. „The governance of unsustainability: ecology and democracy after the post-democratic turn". *Environmental Politics* 22 (1): 16-36.

Blühdorn, Ingolfur. 2014. „A massive escalation of truly disruptive action? Bürgerprotest und Nachhaltigkeit in der postdemokratischen Konstellation". *Forschungsjournal Soziale Bewegungen* 27 (1): 27-37.

BMBF – Bundesministerium für Bildung und Forschung. 2019. „Fördermaßnahmen. Umwelt- und gesellschaftsverträgliche Transformation des Energiesystems – Sozial-ökologische Forschung". Online zugänglich unter: https://www.fona.de /de/transformation-des-energiesystems-sozial-oekologische-forschung-15980.htm l, letzter Zugriff: 22.08.2018.

Böhnke, Petra. 2011. „Ungleiche Verteilung politischer Partizipation". *Aus Politik und Zeitgeschichte* 2011 (1-2): 18-25.

Cornwall, Andrea. 2008. „Unpacking ‚Participation': models, meanings and practices". *Community Development Journal* 43 (3): 269-283.

De Geus, Marius. 2001. „Sustainability, Liberal Democracy, Liberalism". In Barry, John, und Marcel Wissenburg (Hrsg.). *Sustaining Liberal Democracy. Ecological Challenges and Opportunities.* London: Palgrave Macmillan UK, 19-36.

DEMOENERGIE. 2014. *Kurzbeschreibung: DEMOENERGIE. Die Transformation des Energiesystems als Treiber demokratischer Innovationen.* Bonn: BMBF, Referat Grundsatzfragen Nachhaltigkeit, Klima, Energie & Referat Grundlagenforschung Energie.

DEMOENERGIE. 2016. *Abschlussbericht: Demoenergie - Die Transformation des Energiesystems als Treiber demokratischer Innovationen.* Essen: Kulturwissenschaftliches Institut Essen (KWI) und Institute for Advanced Sustainability Studies (IASS).

Devettere, Raymond. 2002. *Introduction to virtue ethics. Insights of the ancient Greeks.* Washington, DC: Georgetown University Press.

Dezent Zivil. 2014. *Kurzbericht: Dezent Zivil. Entscheidungen über dezentrale Energieanlagen in der Zivilgesellschaft.* Bonn: BMBF, Referat Grundsatzfragen Nachhaltigkeit, Klima, Energie & Referat Grundlagenforschung Energie.

Dezent Zivil. 2016. *Entscheidungen über dezentrale Energieanlagen in der Zivilgesellschaft. Vorschläge zur Verbesserung der Planungs- und Genehmigungsverfahren.* Kassel: Kassel University Press.

Flyvbjerg, Bent, und Steven Sampson. 2011. *Making social science matter. Why social inquiry fails and how it can succeed again.* Cambridge: Cambridge University Press.

Harwood, William. 2011. *Phronesis in the Politics. The Education of the polis. Dissertation.* Pennsylvania: The Pennsylvania State University, College of the Liberal Arts.

Hebestreit, Ray. 2013. *Partizipation in der Wissensgesellschaft.* Wiesbaden: Springer VS.

Heinrichs, Harald. 2005. „Herausforderung Nachhaltigkeit: Transformation durch Partizipation?". In Feindt, Peter, und Jens Newig (Hrsg.). *Partizipation – Öffentlichkeitsbeteiligung – Nachhaltigkeit. Perspektiven der Politischen Ökonomie.* Marburg: metropolis, 43-63.

Jörke, Dirk. 2011. „Bürgerbeteiligung in der Postdemokratie". *Aus Politik und Zeitgeschichte* 2011 (1-2): 13-18.

Klima-Citoyen. 2014. *Kurzbeschreibung: Klima-Citoyen. Neue Rollen, Möglichkeiten und Verantwortlichkeiten der Bürger in der Transformation des Energiesystems.* Bonn: BMBF, Referat Grundsatzfragen Nachhaltigkeit, Klima, Energie & Referat Grundlagenforschung Energie.

Klima-Citoyen. 2016. *Der Weg zum Klimabürger. Kommunale Unterstützungsmöglichkeiten, Strategien und Methoden. Empfehlungen aus dem Forschungsprojekt Klima-Citoyen.* o.O.: Forschungsprojekt „Klima-Citoyen. Neue Rollen, Möglichkeiten und Verantwortlichkeiten der Bürger in der Transformation des Energiesystems".

Klima-Citoyen. o.J.. *Schlussbericht zum Projekt Klima-Citoyen. Neue Rollen, Möglichkeiten und Verantwortlichkeiten der Bürger in der Transformation des Energiesystems.* Heidelberg, Saarbrücken und Friedrichshafen: Forschungsgruppe Umweltpsychologie (FG-UPSY), Universität des Saarlandes, Institut für ökologische Wirtschaftsforschung (IÖW) und Zeppelin Universität.

KomMA-P. 2014. *Kurzbeschreibung: Komplementäre Nutzung verschiedener Energieversorgungskonzepte als Motor gesellschaftlicher Akzeptanz und individueller Partizipation zur Transformation eines robusten Energiesystems. Entwicklung eines integrierten Versorgungsszenarios.* Bonn: BMBF, Referat Grundsatzfragen Nachhaltigkeit, Klima, Energie & Referat Grundlagenforschung Energie.

KomMA-P. 2016. *Abschlussbericht. Komplementäre Nutzung verschiedener Energieversorgungskonzepte als Motor gesellschaftlicher Akzeptanz und individueller Partizipation zur Transformation eines robusten Energiesystems - Entwicklung eines integrierten Versorgungsszenarios.* Freiburg, Münster, Karlsruhe, Stuttgart: KomMA-P.

Lokale Passung. 2014. *Kurzbeschreibung: Lokale Passung – Lokal und sozial. Anpassung von Energiesystemen und sozialen Strukturen durch interdisziplinäre Energieberatung auf kommunaler Ebene.* Bonn: BMBF, Referat Grundsatzfragen Nachhaltigkeit, Klima, Energie & Referat Grundlagenforschung Energie.

Lokale Passung. 2017. *Schlussbericht zum Projekt Lokal und sozial - Anpassung von Energiesystemen und sozialen Strukturen durch interdisziplinäre Energieberatung auf kommunaler Ebene.* München und Augsburg: Ludwig-Maximilians-Universität München und bifa Umweltinstitut GmbH.

Lövbrand, Eva, und Jamil Khan. 2010. „The Deliberative Turn in Green Political Theory". In Bäckstrand, Karin; Khan, Jamil; Kronsell, Annica, und Eva Lovbrand (Hrsg.). *Environmental Politics and Deliberative Democracy.* Cheltenham: Edward Elgar Publishing, 47-66.

Miller, Fred. 2000. „Naturalism". In Rowe, Christopher, und Malcolm Schofield (Hrsg.). *The Cambridge History of Greek and Roman Political Thought.* Cambridge: Cambridge University Press, 321–43.

Newig, Jens; Kuhn, Katina, und Harald Heinrichs. 2011. „Nachhaltige Entwicklung durch gesellschaftliche Partizipation und Kooperation? – eine kritische Revision zentraler Theorien und Konzepte". In Heinrichs, Harald; Kuhn, Katina, und Jens Newig (Hrsg.). *Nachhaltige Gesellschaft. Welche Rolle für Partizipation und Kooperation?.* Wiesbaden: Springer VS, 27-45.

Osbeck, Lisa, und Daniel Robinson. 2005. „Philosophical Theories of Wisdom". In Jordan, Jennifer, und Robert Sternberg (Hrsg.). *A handbook of wisdom. Psychological perspectives.* Cambridge: Cambridge University Press, 61-83.

Ritzi, Claudia. 2014. *Die Postdemokratisierung politischer Öffentlichkeit. Kritik zeitgenössischer Demokratie – theoretische Grundlagen und analytische Perspektiven.* Wiesbaden: Springer VS.

Roberts, Jean. 2006. „Justice and the polis". In Rowe, Christopher (Hrsg). *The Cambridge history of Greek and Roman political thought.* Cambridge: Cambridge University Press, 344-365.

Schaal, Gary, und Claudia Ritzi. 2012. „Neoliberalismus und Postdemokratie. Bausteine einer kritischen Gesellschaftstheorie". *ethik und gesellschaft* 2012 (2): 1-26.

Schofield, Malcolm. 2006. „Aristotle: an introduction". In Rowe, Christopher (Hrsg.). *The Cambridge History of Greek and Roman political thought.* Cambridge: Cambridge University Press, 310-320.

Schuck, Peter. 2002. „Liberal Citizenship". In Isin, Engin, und Bryan Turner (Hrsg.). *Handbook of Citizenship Studies.* London: SAGE, 131-144.

Stadt Münster. o.J.a. „Nachhaltigkeit". Online zugänglich unter: https://www.stadt-muenster.de/umwelt/nachhaltigkeit.html, letzter Zugriff: 22.08.2018.

Stadt Münster. o.J.b. „Klimaschutz 2050". Online zugänglich unter: https://www.stadt-muenster.de/klima/klimaschutz-2050.html, letzter Zugriff: 22.08.2018.

Stadt Münster. o.J.c. „Nachhaltigkeitspreis 2019 für Münster". Online zugänglich unter: https://www.stadt-muenster.de/umwelt/nachhaltigkeitspreis2019.html, letzter Zugriff: 22.08.2018.

Stadt Münster. o.J.d. „Projektbeschreibung Global Nachhaltige Kommune". Online zugänglich unter: https://www.stadt-muenster.de/fileadmin//user_upload/stadt-muenster/67_umwelt/pdf/gnk_projektbeschreibung.pdf, letzter Zugriff: 22.08.2018.

Stadt Münster. o.J.e. „Gemeinsam Zukunft gestalten". Online zugänglich unter: https://www.stadt-muenster.de/zukuenfte/startseite.html, letzter Zugriff: 22.08.2018.

Stadt Münster. 2017. „Bürgerforum Programm". Online zugänglich unter: https://www.stadt-muenster.de/fileadmin/user_upload/stadt-muenster/67_klima/pdf/Programmheft_Buergerforum_Klimaschutz2050.pdf, letzter Zugriff: 22.08.2018.

Surprenant, Chris. 2012. „Politics and Practical Wisdom. Rethinking Aristotle's Account of Phronesis". *Topoi* 31 (2): 221-227.

UN – United Nations, Department of Economic and Social Affairs. o.J.. „Sustainable Development Knowledge Platform. Sustainable Development Goal 16". Online zugänglich unter: https://sustainabledevelopment.un.org/sdg16, letzter Zugriff: 22.08.2018.

Walk, Heike. 2008. *Partizipative Governance. Beteiligungsformen und Beteiligungsrechte im Mehrebenensystem der Klimapolitik.* Wiesbaden: Springer VS.

Verweigern, Versuchen, Verändern
Zivilgesellschaftliche Beteiligung in außereuropäischen Kontexten – ihre Besonderheiten und ihre Bedeutung für Transformationsprozesse zu Nachhaltigkeit

Koreflexion zu Carolin Bohn und Doris Fuchs, „Partizipative Transformation? – Die zentrale Rolle politischer Urteilsbildung für nachhaltigkeitsorientierte Partizipation in liberalen (Post-)Demokratien"

Georg Stoll

1. Einleitung

Soziale und ökologische Gegenwartsdiagnosen können schnell zu dem Befund führen, dass in naher Zukunft grundlegende Veränderungen anstehen, die von der lokalen bis zur globalen Ebene reichen – sei es, dass die Produktions- und Konsummuster sowie die damit verbundenen Regeln der Verteilung von Nutzen, Kosten und Risiken im global hegemonialen Wirtschaftssystem die Schieflagen der ohnehin labilen globalen sozialen und ökologischen Gleichgewichtszustände zum Kollabieren bringen; oder sei es, dass Versuche, diesen Kollaps mit seinen multiplen Krisen abzuwenden, zu einer „großen Transformation" (WBGU 2011) zur Nachhaltigkeit führen, die nicht nur Symptome, sondern systemische Ursachen der erwähnten Muster ins Visier nimmt. Teilt man diese Wahrnehmung zumindest in ihren Grundzügen, so ergibt sich für eine Institution wie Misereor, die seit über 60 Jahren zivilgesellschaftliche Organisationen, Bewegungen und Netzwerke in Afrika, Asien und Lateinamerika bei der nachhaltigen Ermächtigung armer Bevölkerungsgruppen unterstützt, die Frage, ob und wie zivilgesellschaftliche Akteure aus diesen Regionen sich an einer solchen Transformation beteiligen können und vielleicht auch müssen (Stoll 2019). Dabei gilt es, die besonderen Rahmenbedingungen, aber auch die besonderen Potenziale und Beiträge von Menschen ins Auge zu fassen, deren Leben auf anderen historischen, sozialen und mentalen Fundamenten aufbaut als in den früh-industrialisierten Ländern Europas und Nordamerikas. Die folgenden Überlegungen verstehen sich deshalb als Ergänzung zu einer kritischen Selbstreflexion auf die Möglichkeiten nachhaltigkeits-orientierter Partizipation in dieser inzwischen durch liberale (Post-)Demo-kratien geprägten Region, wie sie im vorangehenden Hauptbeitrag dieses Bandes unternommen wird. Dahinter steht die Prämisse, dass die dort ge-forderte politische Urteilsbildung auf interkulturelle Dialogprozesse ange-wiesen ist, wenn das Ziel globaler Nachhaltigkeitsorientierung mit „umfas-sender Inklusivität" (Fuchs und Bohn in diesem Band) erreicht werden soll.

Die Bedeutung zivilgesellschaftlicher Beteiligung zu einer sozial-ökolo-gischen Transformation ergibt sich aus mehreren Gründen. Zunächst ist Beteiligung nicht nur das wichtigste Instrument, sondern auch das ent-scheidende Ziel der Bekämpfung von Armut in einem umfassenden Ver-ständnis. Die Voraussetzungen dafür zu schaffen, dass Menschen durch den Einsatz ihrer Fähigkeiten für sich selbst und für andere ein Leben in Würde und Selbstbestimmung bestreiten können, ist der zentrale Ansatz der zivilgesellschaftlichen Entwicklungszusammenarbeit von Misereor (vgl. dazu zuletzt: Misereor 2018). Beteiligung steht deshalb auch im Zen-trum einer so existenziellen Frage wie der Bedrohung ökologischer und so-zialer Lebensgrundlagen. Zweitens sind gerade arme Bevölkerungsgrup-pen in Niedrig- und Mitteleinkommensländern überdurchschnittlich von den Folgen der weltweiten ökologischen Degradation betroffen. Sie von der Gestaltung transformativer Prozesse auszuschließen, würde das Muster ihrer Exklusion reproduzieren und sie erneut zu machtlosen Opfern exter-ner Einflüsse degradieren. Noch so empathische Versuche, die Perspektive dieser Menschen an ihrer Stelle in einschlägigen Diskursen und Debatten einzubringen, können zwar dazu beitragen, diese Diskurse zu öffnen; sie können aber nicht die reale Beteiligung der Betroffenen selbst ersetzen. Und schließlich ein dritter Grund: Auch als Konsument*innen spielen die Bevölkerungen vor allem in Asien und Afrika, aber auch in Lateinamerika aufgrund von Bevölkerungswachstum, Globalisierung und zumindest re-gional zunehmenden Pro-Kopf-Einkommen eine immer wichtigere Rolle in den Szenarien globaler ökologischer Nicht-Nachhaltigkeit. Zugespitzt ließe sich hier ein Dilemma formulieren: Als Folge der sozial erwünschten Verbesserung der materiellen Lebensbedingungen von Milliarden von Menschen steigen auch deren Konsum und die damit verbundenen ökolo-gischen Belastungen – auch wenn ihr Konsumniveau noch weit hinter dem der Menschen in früh-industrialisierten Ländern zurückbleibt.

2. Unterschiedliche Rahmenbedingungen

2.1 Politischer Kontext

Will man der Frage nach der Beteiligung zivilgesellschaftlicher Akteure aus Asien, Afrika und Lateinamerika an Prozessen einer Transformation zur Nachhaltigkeit nachgehen, muss man zunächst der Tatsache Rechnung tragen, dass ihre Ausgangssituation sich in mehrfacher Hinsicht grundlegend von derjenigen in früh-industrialisierten Ländern in Europa und Nordamerika unterscheidet. Das betrifft bereits die Stellung der Zivilgesellschaft in den verschiedenen politischen Systemen. Die Diagnose einer liberalen Postdemokratie, die für das Ausloten der politischen Partizipationspotenziale der Zivilgesellschaften in Europa und Nordamerika eine wesentliche Rolle spielt, trifft auf die allermeisten Staaten im globalen Süden so nicht zu. Viele Gesellschaften sind zumindest auf der national-staatlichen Ebene mit vor- oder scheindemokratischen Verhältnissen konfrontiert, in denen eine gleichberechtigte politische Beteiligung aller Bevölkerungsgruppen nicht oder nur in rudimentären Formen vorgesehen ist. Die realen Beteiligungsmöglichkeiten ergeben sich in der Regel nicht aus der Eigenschaft als Bürger*in, sondern aufgrund der Zugehörigkeit zu bestimmten Kollektiven und aufgrund der individuellen wirtschaftlichen oder politischen Machtposition. Doch selbst in demokratischen Systemen werden die Handlungsspielräume zivilgesellschaftlicher Akteure häufig eingeschränkt – eine Tendenz, die unter dem Stichwort „Shrinking Space" zunehmend zu beobachten ist. Auf der lokalen Ebene hingegen wird Beteiligung oft in einer Vielfalt traditioneller Formen oder auch in Mischformen praktiziert. Dabei geht es in der Regel um die Bewältigung unmittelbar anstehender Problemlagen, gerade auch in Ermangelung von Einrichtungen und Mechanismen öffentlicher Fürsorge, wie sie für die meisten Bürger*innen europäischer Länder inzwischen Standard sind.

2.2 Sozialer Kontext

Ein weiterer wichtiger Unterschied liegt in der oft erdrückenden Bedeutung sozialer und ökonomischer Defizite im Lebensalltag großer Bevölkerungsanteile mit niedrigem Einkommen, die in manchen Ländern sogar die Bevölkerungsmehrheit stellen. Jenseits unmittelbar drängender lokaler Umweltprobleme ist die Sensibilität für ökologische Nachhaltigkeit – global, aber auch national und sogar lokal – in diesen Schichten gering. Dasselbe trifft allerdings auch auf den ökologischen Fußabdruck zu. Armut geht zwangsläufig mit geringem materiellem Konsum einher und zwingt zu maximaler Ressourceneffizienz auf Haushaltsebene. Dennoch gibt es auch hier bereits manche gravierenden ökologischen Probleme beispielsweise beim Abfall von Kunststoffverpackungen. Deutlich stärker fallen hingegen die wachsenden Mittelschichten in Mitteleinkommensländern bei den ökologischen Bilanzen ins Gewicht. Sie orientieren sich in hohem Maße an den Konsumstandards und -symbolen der Hocheinkommensländer und werden von deren Unternehmen als neue Käuferschichten intensiv umworben. Im Unterschied zu den tendenziell übersättigten Märkten der früh-industrialisierten Länder artikuliert sich bei diesen jungen Mittelschichten ein deutlicher Nachholbedarf beim Konsum von Waren und Dienstleistungen. Auch hier spielen wie bei den ärmeren Bevölkerungsschichten Belange ökologischer Nachhaltigkeit bis auf wenige Ausnahmen nur eine untergeordnete Rolle – allerdings bei bereits ungleich höheren ökologischen Fußabdrücken.

2.3 Kultureller Kontext

Als letzter Aspekt sei an dieser Stelle die Pluralität kultureller Prägungen und Weltanschauungen erwähnt, die sich nicht nur in der Wahrnehmung und dem unmittelbaren Verständnis von Grundbezügen (Einzelner, Gruppen, Gesellschaft, Natur, Transzendenz etc.) niederschlägt, sondern auch in der Art und Weise, wie über diese Grundbezüge reflektiert und kommuniziert wird. Auch wenn diese Vielfalt in vielerlei Richtungen verläuft, lässt sich doch mit hinreichender Trennschärfe ein Element benennen, das Menschen und Gesellschaften Europas und Nordamerikas von anderen Regionen unterscheidet: die unter dem Begriff der Moderne zusammengefasste Epoche abendländischer Geschichte. Entscheidende Elemente kritischer Gegenwartsanalyse wie beispielsweise Individualismus, Anthropozentrismus, objektivierendes Naturverständnis oder Effizienz und Wettbewerb als ökonomische Leitkategorien werden explizit auf das Erbe der Moderne bezogen. Während in den westlichen Industrieländern die Auseinandersetzung mit der Moderne als Teil der eigenen Kulturgeschichte und kollektiven Identität erfolgt, ist das in anderen Kontinenten komplexer. Hier stoßen, vereinfachend gesagt, eigene Traditionen auf historische Erfahrungen und Ansprüche, die bis heute im Namen einer europäischen Moderne auftreten und Anlass für vielfältige Konfliktkonstellationen liefern. Diese unterschiedliche Ausgangslage wirkt sich auch auf die Frage aus, ob und wie zivilgesellschaftliche Akteure sich an den Prozessen einer global ausgerichteten Transformation zur Nachhaltigkeit beteiligen (können).

3. Rollen und Funktionen zivilgesellschaftlicher Beteiligung an Transformation

Uwe Schneidewind (2018) weist in Anlehnung an Joanna Macy der Zivilgesellschaft in Hinblick auf die „große Transformation" drei Funktionen zu: die des „Mahners", die sich in Protest und Widerstand äußert; die des „Motors", die sich im Experimentieren mit alternativen Praktiken und Strukturen artikuliert; und die des „Mittlers", in der Zivilgesellschaft Veränderungen von Bewusstsein und Werten in Richtung Nachhaltigkeit vorantreibt (S. 305f). Dabei hat er, wie Macy, die Gesellschaften Europas und Nordamerikas im Blick. Doch auch Autoren*innen wie Leah Temper oder Ashish Kothari, die Ausgangslagen und Handlungsmöglichkeiten von Zivilgesellschaften in Afrika, Asien und Lateinamerika mit reflektieren, kommen – in anderer Terminologie – zu ähnlichen Zuschreibungen (Temper et al. 2018). Hier wird ein Muster transformativer Prozesse erkennbar, die durch tiefgreifende Veränderungen von einem „alten" zu einem „neuen" Zustand führen: Die Infragestellung und Ablehnung des Alten äußert sich in Widerstand und Protestaktionen (3.1), während das angezielte Neue in vielfältigen Alternativen Kontur gewinnt (3.2). Solche Transformationsprozesse bedingen immer auch Machtverschiebungen und sind deshalb konfliktiv. Dabei geht es nicht nur um die direkte (durch Widerstand) oder indirekte (durch Alternativen) Herausforderung etablierter Machtpositionen von Personen und Institutionen, sondern auch um die diese Machtpositionen stützenden und legitimierenden weltanschaulichen und normativen Konstrukte, in die auch die Protagonisten eines Wandels zunächst eingebunden sind (3.3). Indem zivilgesellschaftliche Bewegungen und Organisationen Widerstand leisten und Alternativen gestalten, stellen sie das vorherrschende soziale Normen- und Vorstellungsgefüge in Frage und produzieren somit Unsicherheit – und provozieren auf diese Weise ihrerseits Widerstände, da diese Verunsicherung von vielen als bedrohlich erfahren wird.

3.1 Widerstand

Zivilgesellschaftliche Bewegungen und Organisationen leisten vielerorts Widerstand gegen Projekte und Programme, die von ihren Regierungen oder von Wirtschaftsakteuren mit Billigung oder Unterstützung der Regierungen – häufig im Namen von „Entwicklung" – durchgeführt werden. Zwei entscheidende Faktoren sind meist als Auslöser eines solchen Widerstands erkennbar: Die Projekte und Programme bringen maßgebliche Beeinträchtigungen vitaler Interessen der Betroffenen mit sich; und diesen wurde eine Beteiligung am Zustandekommen und der Ausgestaltung der Projekte/Programme weitgehend vorenthalten. Da sich in diesen Fällen die bestehenden Institutionen und Mechanismen de jure oder de facto als unfähig erwiesen haben, eine angemessene Beteiligung der Betroffenen zu gewährleisten, artikuliert sich der Widerstand meist außerhalb dieser Institutionen. Beispiele dafür sind Proteste gegen Großprojekte mit erheblichen sozialen und ökologischen Folgeschäden wie Bergbau, Pipelines, Staudämme, Abholzungen oder Plantagen.

Auch wenn solcher Widerstand in der Regel lokal ist, kann er eine über den Anlass hinausweisende Systemkritik in doppeltem Sinne zum Ausdruck bringen: gegen die Logik von Projekten und Programmen, in deren ökonomischem Kalkül der Schaden der Betroffenen sowie unzureichend geschützter Gemeingüter offenbar als vernachlässigbar eingepreist ist; und gegen öffentliche Governance-Strukturen, die diesen Zustand ermöglichen oder sogar begünstigen. Als Selbstermächtigungsversuch von Betroffenen hat solcher Widerstand transformatives Potenzial. Er wendet sich gegen die systemische Externalisierung sozialer Kosten und kann damit auch einen Beitrag gegen die Externalisierung ökologischer Kosten leisten, die derselben Logik unterliegt. In dem Maße, in dem bei den zivilgesellschaftlichen Akteuren ein Bewusstsein für diese Logik und ein Verständnis für die Zusammenhänge von sozialen und ökologischen Belangen wächst, nimmt auch die Auseinandersetzung mit den Erfordernissen einer umfassenden sozial-ökologischen Transformation zu. Unterstützend wirkt hier die Vernetzung zivilgesellschaftlicher Gruppen und Bewegungen sowohl untereinander als auch mit Akteuren aus anderen gesellschaftlichen Bereichen wie Wissenschaft oder auch Wirtschaft und Politik.

3.2 Alternativen

Während sich zivilgesellschaftlicher Widerstand gegen bestehende Praktiken und Strukturen richtet, weil diese als destruktiv erfahren werden, können gelebte Alternativen zu diesen Praktiken auf die vielfältigen Möglichkeiten verweisen, die individuelle und kollektive Lebenswelt auch anders und konstruktiver zu gestalten. Die Abgrenzung erfolgt hier wie beim Widerstand in erster Linie gegen ein Modell wirtschaftlicher „Entwicklung", das ökologische Lebensgrundlagen bedroht und Menschen von wirtschaftlicher und politischer Teilhabe ausgrenzt. Dabei können zivilgesellschaftliche Akteure in Afrika, Asien und Lateinamerika mehr als in Europa und Nordamerika aus ihren kulturellen Traditionen schöpfen, die nicht im selben Maße und nicht auf dieselbe Weise von der Moderne geprägt sind, in deren Dynamik auch das Projekt eines auf ständige ökonomische Expansion setzenden Fortschritts wurzelt.

Diese Auseinandersetzung zwischen Tradition und Moderne geschieht in vielfältigen und häufig konfliktreichen Konstellationen. Für die meisten Menschen im globalen Süden geschieht sie nicht aus akademischer Distanz, sondern in der Mitte ihres Alltags. Ob es dabei um das Verständnis und die Praxis von Arbeit geht, um die Position des Einzelnen in Familie und Gemeinschaft, um Formen kollektiver Beteiligung und Entscheidungsfindung, um Konsumgewohnheiten, Kommunikationsformen, die Organisation von Eigentum oder das Verhältnis zur Natur bis hin zur Wahrnehmung von Zeit und Raum – all diese Bereiche bieten einerseits ein reiches Reservoir an Anknüpfungspunkten für Alternativen hin zu einem tiefgreifenden sozial-ökologischen Wandel. Sie sind aber auch die spannungsgeladenen Austragungsorte von einander widerstrebenden Anforderungen, Erwartungen und Hoffnungen. Die Kompromisse, die hier häufig unter dem Druck ökonomischer und sozialer Notlagen eingegangen werden, führen nicht automatisch in eine sozial und ökologisch bessere Zukunft.

Das kann an dem enormen Ausmaß an Informalität deutlich werden, welche die Arbeits- und Wohnungsmärkte in weiten Teilen Afrikas, Asiens und Lateinamerikas prägt. Einerseits schaffen sich große Teile, wenn nicht die Mehrheit der Bevölkerung auf diese Weise Alternativen zu den völlig unzureichenden Optionen, die ihnen innerhalb der offiziellen ökonomischen Systeme ihrer Länder angeboten werden. Andererseits stellen diese Alternativen ihrerseits meist nur sozial und ökologisch unbefriedigende Notlösungen dar und stabilisieren häufig sogar das bestehende System, indem sie dessen Defizite zumindest teilweise kompensieren.

Mit Blick auf das Transformationspotenzial zivilgesellschaftlicher Alternativen zum ökonomischen Mainstream bleibt deshalb festzuhalten, dass nicht von vornherein ausgemacht ist, ob sie kompensatorisch oder subversiv wirken, ob sie also letztlich das dominante Modell mit seinen systemischen sozialen und ökologischen Defiziten stützen oder transformieren. Um diese Frage im Auge zu behalten, bedarf es des Austauschs zwischen zivilgesellschaftlichen Alternativen und zivilgesellschaftlichem Widerstand.

3.3 Umdeuten und Umwerten

Die Suche nach Alternativen verweist auf Visionen und Vorstellungen von gutem Leben, die in Spannung zu bestehenden Rahmenbedingungen und vorgegebenen Deutungsmustern stehen. In einem mehrjährigen Dialogprozess ist Misereor zusammen mit dem Institut für Gesellschaftspolitik (inzwischen: Zentrum für Globale Fragen) an der Münchner Hochschule für Philosophie von 2012 bis 2015 mit Vertreter*innen zivilgesellschaftlicher Gruppen und wissenschaftlicher Einrichtungen in Afrika, Asien und Lateinamerika der Vorstellung von gutem Leben und den Möglichkeiten ihrer Umsetzung unter den Bedingungen der Globalisierung nachgegangen (Reder et al. 2015). Als durchgängiges Motiv dieser interkulturellen Dialoge zeigte sich eine erhebliche Distanz zum dominanten Modell einer primär auf Wachstum und Integration in globale Märkte orientierten wirtschaftlichen Entwicklung und der damit transportierten normativen Prämissen und Weltanschauung. Dieses Modell, so der vielfache Befund, zerstöre menschliche Beziehungen und sei deshalb kein Weg zu gutem Leben.

Zugleich wurde aber auch deutlich, wie begrenzt die Möglichkeiten eines umfassenderen Wertewandels erscheinen. Was in einzelnen Protestaktionen zum Beispiel gegen hemmungslose Bergbauaktivitäten oder in lokalen Initiativen etwa zur Förderung und zum Schutz von einheimischem Saatgut gegen die erdrückende Übermacht internationaler Agrarkonzerne durchscheint, sind wichtige Ausdrucksformen zivilgesellschaftlicher Gegenentwürfe zu einer ökonomischen Logik, die die breite Unterstützung von Politik und Finanzkapital auf ihrer Seite hat. Ob und wie solche Gegenentwürfe allerdings eine kritische Masse erreichen, um auch außerhalb sozialer Nischen große gesellschaftliche Narrative umzuschreiben und so Grundlagen für demokratische Transformationsprozesse zu Nachhaltigkeit zu schaffen, ist schwierig zu beantworten. Gewiss spielen Vernetzungen und transdisziplinäre Allianzen, Lobby- und Medienarbeit hier eine wichtige Rolle, aber auch wenig planbare Faktoren wie einzelne charismatische Persönlichkeiten oder plötzlich eintretende Katastrophen.

Aufgrund der Wirkmächtigkeit weltanschaulicher Deutungsmuster und der aus ihnen abgeleiteten Werte erhalten Kultur und kultureller Wandel zu Recht vermehrt Aufmerksamkeit bei der Frage nach den Möglichkeiten und Wegen einer Transformation zu Nachhaltigkeit. Zivilgesellschaftliche Beteiligung wird dabei angesichts der kulturellen Vielfalt, die sich gerade beim Blick über den europäisch-nordamerikanischen Tellerrand zeigt, zwar unverzichtbare Beiträge leisten können, um dem dominanten Modell einer nicht-nachhaltigen „expansiven Moderne" (Harald Welzer 2013) seine engen anthropologischen und ökologischen Grenzen aufzuzeigen. Die Aufgabe, dieses Modell dann auch in seine historischen Grenzen zu verweisen, wird durch das ethisch begründete Postulat einer globalen zivilgesellschaftlichen Beteiligung allerdings nicht einfacher. Doch ohne die dialogischen Mühen einer pluralen Beteiligung könnte auch eine Transformation zu Nachhaltigkeit zu einem neuen expansiven Modell werden, das andere Welten zu kolonisieren versucht.

Literatur

Misereor. 2018. „Veränderung geht von den Menschen aus. Die transformative Kraft der an den Rand Gedrängten". *Dossier in Zusammenarbeit mit der Redaktion Welt-Sichten* 12-2018/1-2019.

Reder, Michael; Risse, Verena; Hirschbrunn, Katharina, und Georg Stoll (Hrsg.). 2015. *Global Common Good. Intercultural Perspectives on a Just and Ecological Transformation*. Frankfurt am Main: Campus.

Schneidewind, Uwe. 2018. *Die Große Transformation. Eine Einführung in die Kunst gesellschaftlichen Wandels*. Frankfurt am Main: S. Fischer Verlag.

Stoll, Georg. 2019. „The Contribution of Civil Society Organisations to Transformation: Consequences for the Work of NGOs – Misereor". *Concilium* 2019 (1): 103–108.

Temper, Leah; Walter, Mariana; Rodriguez, Iokiñe; Kothari, Ashish, und Ethemcan Turhan. 2018. „A perspective on radical transformations to sustainability: resistances, movements and alternatives". *Sustainability Science* 13 (3): 747–765.

WBGU – Wissenschaftlicher Beirat der Bundesregierung Globale Umweltveränderungen. 2011. *Welt im Wandel. Gesellschaftsvertrag für eine Große Transformation. Hauptgutachten*. Berlin: WBGU.

Welzer, Harald. 2013. *Selbst Denken. Eine Anleitung zum Widerstand*. Frankfurt am Main: S. Fischer Verlag.

Wissenschaft

Der post-ökologische Verteidigungskonsens
Nachhaltigkeitsforschung im Verdacht der Komplizenschaft

Ingolfur Blühdorn und Hauke Dannemann[1]

1. Transformationsdebatte in der Endlosschleife

Eine der meistdiskutierten nachhaltigkeitspolitischen Publikationen der letzten Jahre trägt den Titel *Welt im Wandel – Gesellschaftsvertrag für eine Große Transformation* (WBGU 2011). Karl-Werner Brand nennt das jüngst von ihm herausgegebene Buch *Sozial-ökologische Transformation der Welt – Ein Handbuch* (Brand 2017). Sighard Neckel und Kolleg*innen sprechen von der *Gesellschaft der Nachhaltigkeit* (Neckel et al. 2018). Uwe Schneidewind und das Wuppertal Institut bieten mit ihrem neuen Buch *Die große Transformation* eine *Einführung in die Kunst des gesellschaftlichen Wandels* (Schneidewind 2018). Keinem*r dieser Autor*innen – die Liste ließe sich fortsetzen – kann man eine vereinfachte, undifferenzierte Sichtweise vorwerfen. Mit ihren Titeln legen sie jedoch allesamt nahe, dass der neue Gesellschaftsvertrag bereits geschlossen und der große strukturelle Umbau moderner Gesellschaften bereits im Gange sei. Das ist aber nicht der Fall. Diese Buchtitel beschreiben vor allem Hoffnungen und ein transformationspolitisches Projekt, keine Realität.

Tatsächlich haben moderne Gesellschaften gerade in jüngster Zeit die *Politik der Nicht-Nachhaltigkeit* (Blühdorn 2011, 2013a, 2014), also die entschiedene Verteidigung ihrer ökologisch und sozial zerstörerischen Ordnung und Werte, offener und offizieller denn je zum Prinzip erhoben. Nicht nur der Frontalangriff auf die Umwelt- und Demokratisierungsagenda durch Donald Trump und den internationalen Rechtspopulismus hat Klimaziele, Umweltschutz und die sozial-ökologische Transformation gegenüber Wirtschaftswachstum, Wettbewerbsfähigkeit und geopolitischen Interessen zur Nebensache werden lassen. Das Verhältnis zwischen der wachsenden Größe und Dringlichkeit von Nachhaltigkeitsproblemen auf der einen und bestenfalls moderaten Fortschritten in ihrer Bearbeitung auf der anderen Seite scheint sich kontinuierlich zu verschlechtern. Die den-

---

1 Wir danken Karoline Kalke für die kritische Durchsicht einer früheren Version des Textes.

noch zu verzeichnenden Fortschritte liegen vor allem im Bereich des Lokalen, Regionalen und Nationalen – gewissermaßen im Bereich der ökologisch und gesundheitlich bereinigten *Lebenswelt* (Hausknost 2019) – und beruhen ganz wesentlich auf Maßnahmen der *ökologischen Modernisierung*, die pragmatische Lösungen ausdrücklich nicht auf der Systemebene, sondern innerhalb der gegebenen politischen und ökonomischen Strukturen sucht. Die ökologischen und sozialen Großprobleme hingegen, die strukturellen Probleme, bleiben in modernen *Externalisierungsgesellschaften* (Lessenich 2016), die ihre *imperiale Lebensweise* (Brand und Wissen 2017) mit aller Härte und Entschiedenheit verteidigen, allesamt verdrängt und ungelöst. Nennenswerte Transformationen sind hier nirgendwo in Sicht.

Die sozialwissenschaftliche Nachhaltigkeits- und Transformationsforschung scheint sich derweil in einer Art Endlosschleife verfangen zu haben. Seit Jahren, zum Teil seit Jahrzehnten, präsentiert sie die immer gleichen Geschichten: Was Anfang der 1970er Jahre *Grenzen des Wachstums* hieß, wird heute als *planetary boundaries* (Rockström 2015) verhandelt. Was einst als *Umsturz der kapitalistischen Industriegesellschaft* gefordert wurde, heißt jetzt *Postwachstumsgesellschaft* oder *Postkapitalismus* (Mason 2016). Was damals als *aussteigen* und *alternativ sein* bezeichnet wurde, sind heute *new material everyday practices* (Schlosberg und Coles 2016). Wieder und wieder werden neue Bewegungen benannt, die als Akteure eines notwendigen radikalen Wandels, als *pioneers of change*, einfluss- und aussichtsreich seien. Wieder und wieder wird versprochen, die kleinen Schritte und Experimente seien das Mittel und der Weg zum großen Ziel. Aber die große Transformation bleibt so entfernt wie eh und je. Es ist, als stünde man vor einem Jahrmarktkarussell, und in regelmäßigen Abständen ziehen die immer gleichen Pferdchen vorüber.

Vielfältige Gründe werden für diesen bewegten Stillstand angeführt: *value-action gaps*, die zunehmende Differenzierung moderner Gesellschaften (Luhmann 1986; Willke 2014), gesellschaftliche Macht- und Herrschaftsverhältnisse (Brand 2016), Postdemokratie und Post-Politik (Crouch 2008; Dean 2009), oder die Einbettung individuellen Handelns in komplexe Praktiken und soziale Infrastrukturen (Schatzki 1996; Shove 2014). Diese Erklärungsansätze haben ihre volle Berechtigung. Im Folgenden geht es aber speziell um die Frage, ob und inwiefern die sozialwissenschaftliche Nachhaltigkeitsforschung vielleicht selbst eine Mitverantwortung dafür trägt, dass moderne Gesellschaften sehr viel erfolgreicher darin sind, die *Resilienz* ihrer bestehenden Ordnung zu stärken, als deren Logik und Dynamik zu verändern; dass der *governance of unsustainability* (Blühdorn 2013a, 2014) gegenüber einer großen Transformation letztlich Vorrang gegeben wird. Diese Frage ist notwendig und legitim, weil die Nachhaltigkeitsforschung nicht nur distanzierte Beobachterin gesellschaftlicher (Fehl-)Entwicklungen und neutraler Lieferant objektiver Umwelt- oder Klimadaten ist, sondern mit ihren Problemdiagnosen und Lösungsnarrativen selbst als zentraler Akteur in der öffentlichen Debatte und bei der gesellschaftlichen Bewältigung von Krisen auftritt (Schneidewind und Singer-Brodowski 2014). Doch bis heute trägt die sozialwissenschaftliche Nachhaltigkeitsforschung möglicherweise selbst zur Stabilisierung der Nicht-Nachhaltigkeit bei, und zwar nicht nur, indem sie Lösungs- und Hoffnungsnarrative entwickelt und verbreitet, die soziologisch gesehen nur wenig Plausibilität haben (Blühdorn 2017). Sie sperrt sich auch dagegen, in *reflexiv-kritischer* Haltung etablierte Glaubenssätze etwa zum Verhältnis zwischen Emanzipation und Nachhaltigkeit, Demokratie und Nachhaltigkeit, oder zwischen den etablierten progressiven und den neuen rechtspopulistischen Akteuren neu zu durchdenken.

Im Licht des tatsächlichen stattfindenden Werte-, Kultur- und Gesellschaftswandels, der sich in der Verfestigung der Nicht-Nachhaltigkeit, der auffälligen Erschöpfung sozialdemokratischer Parteien und in der rechtspopulistischen Revolte artikuliert, scheint genau dies aber dringend geboten. Hier kommt einer *reflexiv-kritischen* Sozialwissenschaft (Celikates 2009; Boltanski 2010; Lessenich 2014) die Aufgabe zu, für ein eingehendes Verständnis der Verschiebungen bzw. Parameter zu sorgen, nach deren Maßgabe sich die Umwelt-, Klima- und Nachhaltigkeitsdebatte derzeit neu konfiguriert. In diesem Sinne wird im Folgenden zunächst ausgeführt, inwiefern von einer möglichen *Komplizenschaft* zwischen sozialwissenschaftlicher Nachhaltigkeitsforschung und der Politik der Nicht-Nachhaltigkeit gesprochen werden kann und was mit dem Begriff *post-ökologischer Verteidigungskonsens* gemeint ist. Anschließend wird anhand von drei gängigen Argumentationsfiguren ausgeführt, wie wesentliche Teile der Transformationsliteratur nicht nur zur Produktion und Verfestigung von Narrativen beitragen, die mit Blick auf einen tiefgreifenden sozial-ökologischen Strukturwandel vermutlich nicht zielführend sind, sondern sich auch selbst Denkverbote auferlegen, die ein differenziertes Verständnis der Transformationshindernisse blockieren und der Analyse der Transformationen, die in modernen Demokratien tatsächlich zu beobachten sind, im Wege stehen.

2. Begriffsklärungen

Die Aufgabe reflexiv-kritischer Sozialwissenschaft ist es, Phänomene oder Zusammenhänge zugänglich zu machen, die bisher – auch von den kritischen Sozialwissenschaften – nicht in den Blick genommen, sondern bewusst oder unbewusst im Dunkeln gelassen wurden. Sie muss folglich gezielt irritieren, empören und vermeintlich gesichertes Wissen in Krisen stürzen, um einen impliziten Konsens hegemonialen Wissens aufzubrechen und seiner Selbstverständlichung entgegenzuwirken (Iser 2008, S. 65). Die genealogische Machtkritik Michel Foucaults hat dabei idealtypisch vorgeführt, dass (wissenschaftliche) Subjekte nicht außerhalb der von ihnen kritisierten Verhältnisse stehen, sondern Anteil an ihrer Reproduktion haben. Dies unterstreicht die Notwendigkeit selbstreflexiver Auseinandersetzungen mit der Möglichkeit einer Verstrickung und Komplizenschaft gerade der politisch ambitionierten Wissenschaft mit den von ihr kritisierten Verhältnissen. Tatsächlich sind solche Verstrickungen so alt wie die wissenschaftliche Gesellschaftskritik selbst. Sie lassen sich etwa vom Revisionismusstreit der deutschen Sozialdemokratie (Lehnert 1983, S. 87ff) über die feministische Mittäterinnenschaftsdebatte (Thürmer-Rohr 2008), die Reflexionen über die kapitalistische Vereinnahmung von Künstlerkritik (Boltanski und Chiapello 2003) und Feminismus (Fraser 2009), bis hin zu jüngsten Debatten über die Rolle links-intellektueller Klassenvergessenheit für das Erstarken des Rechtspopulismus (Fraser 2017; van Dyk und Graefe 2018) verfolgen.

In aller Regel wird hier nicht von einer expliziten und intentionalen Komplizenschaft ausgegangen, sondern die jeweilige Metakritik sieht eine Notwendigkeit, Denkblockaden und Selbstillusionierungen selbstreflexiv aufzubrechen, um so neue intellektuelle und politische Ressourcen freizusetzen. In genau diesem Sinne soll der Begriff der Komplizenschaft auch hier verstanden werden. Es geht also ausdrücklich nicht darum, Teilen der sozialwissenschaftlichen Nachhaltigkeitsforschung moralistisch eine bewusste und aktive Kollaboration mit Akteuren zu unterstellen, die sich den Bemühungen um eine gesellschaftliche Transformation zur Nachhaltigkeit entgegenstellen. Ziel ist vielmehr, eine wohl ungewollte und unbewusste Unterstützung der Politik der Nicht-Nachhaltigkeit zu thematisieren. Dabei geht die Bezeichnung Komplizenschaft zurück auf Robyn Eckersley (2017, S. 986), die – ebenso wie verschiedene andere Beobachter*innen – von einer Art ‚complicity‘ zwischen Demokratie und Nicht-Nachhaltigkeit spricht (vgl. auch Dean 2009, Hausknost 2019). Auch Eckersley meint mit diesem Begriff allerdings keine gezielte, strategische Zusammenarbeit, sondern eher ein nicht intendiertes Zusammenwirken zwischen Akteuren, die sich mitunter sogar deutlich voneinander abzugrenzen versuchen, letztlich aber doch in die gleiche oder eine ähnliche Richtung ziehen.

Als prominentes Beispiel könnte hier noch einmal auf die bereits in den 1980er Jahren entwickelte Theorie und den Policy-Ansatz der *ökologischen Modernisierung* (Jänicke 2007; Mol et al. 2009) verwiesen werden. Diese hatten versprochen, die von den neuen sozialen Bewegungen vorgetragenen Probleme in technologische, ökonomische und Managementprobleme auflösen und ohne Fundamentalkritik und grundsätzlichen Strukturwandel innerhalb der bestehenden Ordnung bearbeiten zu können. Sowohl auf der nationalen wie auf der internationalen Ebene wurde dieser Ansatz schnell hegemonial. Inzwischen sind seine Grenzen aber deutlich sichtbar geworden, und rückblickend entsteht der Verdacht, dass die Vertreter*innen dieser Theorie mit ihren – von Anfang an – sozialwissenschaftlich nicht haltbaren Narrativen, unvorhergesehen und sicher nie in böser Absicht, zur Verstetigung der Politik der Nicht-Nachhaltigkeit und zur Verfestigung eines *post-ökologischen Verteidigungskonsenses* mit beigetragen haben.

Die Rede von einem solchen Verteidigungskonsens zielt auf eine breite implizite Koalition in modernen Konsumgesellschaften, eine stille Allianz zwischen den verschiedensten Akteuren, die die bedingungslose Verteidigung von bestehenden gesellschaftlichen (Natur-)Verhältnissen betreiben. Der Begriff deutet hin auf die Ablösung des politischen Konflikts zwischen den Akteuren der Nachhaltigkeit und denen der Nicht-Nachhaltigkeit. Er könnte als deskriptiv-analytisches Gegenstück zur normativen Idee eines neuen Gesellschaftsvertrages für eine sozial-ökologische Transformation zur Nachhaltigkeit (WBGU 2011) verstanden werden, also als faktisch wirksamer Gesellschaftsvertrag im Gegensatz zu dem normativ geforderten. Grundlage ist dabei zunächst der Begriff *ecologism*, mit dem in den 1990er Jahren die speziellen Varianten ökopolitischen Denkens bezeichnet wurden (Dobson 1990), die als eigenständige politische Ideologie einen grundlegenden Strukturwandel der kapitalistisch-demokratischen Gesellschaftsform gefordert haben, weil diese als grundsätzlich inkompatibel mit dem Ideal einer sozialen und ökologischen Befriedung der Gesellschaft und ihrer Naturverhältnisse gesehen wurden. Ebenso wie auch der Begriff *complicity* sind auch die englischen Begriffe *ecologism* – als Parallelbildung zu *liberalism*, *conservatism* oder *socialism* – und *post-ecologism* (Blühdorn 2000) nur schwer ins Deutsche zu übertragen. Wenn *ecologism* in etwa dem entspricht, was in der heutigen Literatur als eine radikale sozial-ökologische Transformation kapitalistischer Konsumgesellschaften bezeichnet wird, bezeichnet der Begriff post-ökologisch (*post-ecologist*) umweltpolitische Denkrichtungen, die davon ausgehen, dass die sozial-ökologische Krise allemal innerhalb der bestehenden gesellschaftlichen Strukturen bewältigt werden kann. Der Begriff *post-ökologisch* verweist darüber hinaus auf

die Unverhandelbarkeit moderner Vorstellungen von Freiheit, Selbstbestimmung und Selbstverwirklichung, denen die Normen und Ziele von
Natur-, Umwelt- und Klimaschutz in jedem Falle nachgeordnet sind. Post-
ökologische Politik ist zwar weder anti-ökologisch, noch anti-demokra-
tisch und schon gar nicht anti-emanzipatorisch. Sie formuliert umweltpolitische und demokratische Agenden aber so um, dass sie die bestehende,
auf die Prinzipien der Ungleichheit, der Ausbeutung, der Exklusion und
der Zerstörung gründende gesellschaftliche Ordnung nicht grundsätzlich
herausfordern und zu verändern versuchen, sondern sie vielmehr unbedingt bestätigen und befestigen – was die Pflege radikaler Nischen und
Diskurse freilich keineswegs ausschließt (Blühdorn 2006, 2017).

Zur ungewollten Komplizin des post-ökologischen Verteidigungskonsenses, so der hier zur Diskussion gestellte Verdacht, wird die sozialwissenschaftliche Nachhaltigkeitsforschung möglicherweise erstens durch die
Pflege von politisch motivierten Mobilisierungs- und Hoffnungsnarrati-
ven, die als brauchbare *Transformations*strategien nur sehr wenig sozialwissenschaftliche Glaubwürdigkeit beanspruchen können. Einen ähnlichen
Effekt haben zweitens die verbreitete Weigerung, bestimmten Diagnosen
bzw. Überlegungen nachzugehen, die politisch unbequem oder behin-
dernd sein könnten, und drittens eben der Mangel an selbstkritischer Reflexion auf die eigene Rolle in der vorherrschenden Politik der Nicht-
Nachhaltigkeit. Zur Illustration dieses Verdachts wird im Folgenden zunächst die gängige Behauptung thematisiert, ein *Weiter So*, d.h. eine Fort-
führung des Status Quo, sei für die sozial und ökologisch anerkanntermaßen nicht-nachhaltigen Gesellschaften der Gegenwart schlicht keine Option mehr, und ein radikaler Wandel zur Nachhaltigkeit müsse zwangsläufig erfolgen. Dann wird die Behauptung beleuchtet, der Wertewandel zur
Nachhaltigkeit habe schon begonnen, und immer mehr Menschen würden das gute Leben und die wahre Erfüllung jenseits des Konsums suchen
und genau dadurch den gesamtgesellschaftlichen Nachhaltigkeitswandel
vorantreiben. Und schließlich wird die tief verwurzelte Annahme eines
konstruktiven Wechselverhältnisses zwischen Ökologisierungs- und Demo-
kratisierungsansprüchen problematisiert. Bei der Diskussion aller drei Beispiele geht es darum, fest etablierte Denkmuster, Denkblockaden und
Denkverbote aufzubrechen, und Praktiken der Selbstillusionierung zu zer-
sprengen, um so vielleicht politische Energien und Ressourcen freizusetzen, die einen Ausbruch aus der transformationspolitischen Endlosschleife
vielleicht doch wieder denkbar werden lassen. Das erklärte Ziel des meta-
kritischen Ansatzes ist also weiterhin ein kritisches: „to cut through the
promises of the fantasy of a cosy, neoliberal, smart, sustainable, resilient
and democratically inclusive world that the elites and other architects of

the present socio-ecological disorder increasingly and desperately portray as the only possible world to come" (Ernston und Swyngedouw 2019, S. 3).

3. Weiter So ist keine Option

Zu den wohl gängigsten Argumentationsfiguren im umweltpolitischen Diskurs gehört die Behauptung, es sei bereits Fünf-vor-Zwölf, der Kollaps der Natur, der Umwelt, der Nachhaltigkeit oder des Klimas stehe unmittelbar bevor, und um die natürlichen Lebensgrundlagen der Menschheit zu sichern, seien entschiedene, tiefgreifende Gegenmaßnahmen unbedingt erforderlich und ohne Aufschub umzusetzen. In dieser rhetorischen Figur verbinden sich verschiedene Elemente zu einer Objektivierungs- bzw. Entpolitisierungsstrategie: die Behauptung eines objektiv bestehenden und nicht zu bestreitenden Problems, die Generalisierung der Betroffenheit von diesem Problem auf die Menschheit insgesamt, und die Dringlichkeit des Notstands, die einen kategorischen Handlungsimperativ bedeutet. Bereits seit ihrer Entstehungsphase haben Umweltbewegungen und Grüne Parteien entsprechend insistiert, *Weiter So* sei keine Option und ökologische Notwendigkeiten würden einen radikalen Wandel erzwingen. Dass ein solcher grundlegender Wandel auch nach Jahrzehnten der Mobilisierung noch nicht zu beobachten ist, verhindert nicht, dass dieses Narrativ bis in die Gegenwart hinein immer wieder erneuert wird: „Die wachsende ökologische Problematik", heißt es etwa bei Karl-Werner Brand, „nötigt moderne Gesellschaften [...] zur beschleunigten Transformation in low carbon societies" (Brand 2017, S. 58); die „Grundvorstellung der Möglichkeit von business-as-usual [...] ist überholt", argumentiert Martin Held (2016, S. 336f).

Derlei Behauptungen und die ihnen zugrunde liegenden Annahmen wirken als eine gefährliche Denkblockade bzw. als Denkverbot. Unbestritten und naturwissenschaftlich messbar sind freilich die Auswirkungen der wachstumsbasierten Wirtschaftsweise und konsumorientierten Lebensstile vor allem der Wohlstandsgesellschaften des globalen Nordens. Anders als etwa bei den Leugner*innen des Klimawandels geht es hier also nicht darum, faktische Veränderungen in der biophysischen Welt abzustreiten. Aber weder bedeuten diese Veränderungen eine objektive ökologische Problematik, noch nötigen sie moderne Gesellschaften zu irgendeiner Form des Handelns, noch bedrohen sie auch das Überleben *der Menschheit*. Naturwissenschaftliche Fakten, gesellschaftliche Problemwahrnehmungen und politische Handlungsfähig- bzw. -willigkeit sind vielmehr nur sehr indirekt miteinander verbunden (Luhmann 1986; Latour 2004), und aus der naturwissenschaftlichen Tatsachenbeschreibung eines Ist-Zustandes lassen sich weder objektive Werturteile ableiten noch handlungsleitende Sollens-Feststellungen. Erforderlich ist vielmehr zunächst eine Politisierung der bloßen Tatsachen durch ihre Interpretation als unerträgliche Verletzung bestimmter Normen und sozialer Erwartungen, die dann ihrerseits zur Legitimationsgrundlage entsprechender Forderungen bzw. Problemlösungsvorschläge gemacht werden können. Entsprechend unwirksam ist auch der verbreitete Verweis darauf, dass verschiedene *planetary boundaries* inzwischen erreicht oder schon überschritten seien. Im Feld des Politischen sind solche biophysischen Grenzen nicht wirklich relevant (Görg 2016), sondern hier liegen die Grenzen genau dort, wo die gesellschaftliche Belastbarkeit, Zumutbarkeit, Akzeptanz und Resilienz erschöpft sind. Diese Grenzen sind jedoch sehr flexibel – sie werden etwa von rechtspopulistischen Bewegungen und Regierungen derzeit deutlich verschoben. Der gesellschaftliche Rückhalt dieser Bewegungen und ihrer klima- und nachhaltigkeitsfeindlichen Agenda zeigen deutlich, dass von einer Zwangsläufigkeit der sozial-ökologischen Transformation auch im Zeichen des manifesten Klimawandels, eines gigantischen Artensterbens und sich immer weiter zuspitzender sozialer Konflikte nicht gesprochen werden kann. Auch die Entschiedenheit, mit der Regierungen den Flugverkehr ausbauen oder alle Mittel des Niedrigzinses und der Geldpolitik ausschöpfen, um den Konsum anzuheizen, verdeutlicht, wie entschlossen die Erneuerung, Erweiterung und Verlängerung fundamentaler Nicht-Nachhaltigkeit betrieben wird.

Das entscheidende Kriterium sind daher nicht biophysische Veränderungen und Grenzen, sondern allemal die *soziale* Nachhaltigkeit im Sinne von gesellschaftlicher Haltbarkeit, Verkraftbarkeit und Bewältigungsfähigkeit. Dafür gibt es aber keine auch nur halbwegs konsensualen und belastbaren Indikatoren oder Grenzwerte. Wenn immer wieder betont wird, es vermehrten sich die „Anzeichen dafür, dass die extreme Ungleichverteilung an Vermögen und Einkommenschancen virulent wird", und es sei plausibel anzunehmen, „dass in einer sich globalisierenden Welt das bestehende, und sich zum Teil noch vertiefende extreme Wohlstandsgefälle nichtnachhaltig ist" (Held 2016, S. 333), dann ist das sicher richtig, es bedeutet aber nicht, dass die Grenzen der (Un-)Erträglichkeit bereits erreicht wären. Die sozialen Konflikte, die wir im Moment beobachten, sind vielmehr – ebenso wie der Neoliberalismus seit Mitte der 1990er Jahre ganz wesentlich die Begriffe der Freiheit, der Verantwortlichkeit, der Zumutbarkeit etc. verschoben hat – als Ausdruck und Projekt einer weiteren Verschiebung der Grenzen des Akzeptablen und Erträglichen zu werten. Die bewegungsorientierte Umweltliteratur, die normative Demokratietheorie und die sich als transformativ verstehende Nachhaltigkeitsforschung jedoch verweigern sich dieser Realität. Gerade angesichts der Vielfachkrise halten sie fest an dem alten Argument, dass ein *Weiter So* für moderne Gesellschaften keine Option sei und an der radikalen Transformation kein Weg vorbeiführe. Die faktische Politik der Nicht-Nachhaltigkeit erbringt jedoch deutlicher denn je den Beweis, dass das entschiedene Festhalten an sozioökonomischen Strukturen, die anerkanntermaßen sozial und ökologisch zerstörerisch sind, durchaus möglich ist – nur eben nicht bei gleichzeitiger Beibehaltung etablierter Vorstellungen von Gleichheit, Gerechtigkeit, Inklusion und eines guten Lebens für alle.

Die Erzählung von der Unmöglichkeit des *Weiter So* verstellt somit den Blick auf eine faktische Realität, also auf die *Resilienz der Nicht-Nachhaltigkeit* und den ebenso stillen wie übermächtigen Konsens zur Verteidigung der Nicht-Nachhaltigkeit. Zwar ist Resilienz in Teilen der Forschung durchaus ein wichtiger Begriff geworden, aber die Anpassungs- und Bewältigungskapazitäten moderner Gesellschaften, die gefördert werden sollen, werden vor allem im Hinblick auf technologische Möglichkeiten und den Auf- bzw. Ausbau von Institutionen zur Anpassung etwa an den Klimawandel betrachtet (Graefe 2019). Die Frage nach der kulturellen Dimension, d.h. der resilienzstärkenden Verschiebung von Wahrnehmungs- und Bewertungsmustern, wird weitgehend ausgeblendet. Dabei findet gerade in diesem Bereich derzeit ganz Wesentliches statt. Denn die Konjunktur des Rechtspopulismus ist als entschiedenes Signal für ein *Weiter So* zu werten. Bisher hatten gerade als liberale Demokratien verfasste Gesellschaften dafür noch keine geeignete politische Form gefunden. Mit der rechtspopulistischen Revolte vollziehen sie jedoch eine Neuinterpretation etablierter Verständnisse von Freiheit, Gleichheit, Menschenrechten und Demokratie, die für die Politik der Nicht-Nachhaltigkeit entscheidend ist. *Nicht-nachhaltig* im Sinne von *nicht haltbar* sind angesichts der offensichtlichen gesellschaftlichen Prioritäten nämlich eben vor allem die etablierten Normen der Gleichheit und Gerechtigkeit. Bezüglich dieser Normen ist ein *Weiter So* – bei gleichzeitigem Festhalten am etablierten Wirtschafts-, Entwicklungs- und Konsummodell – tatsächlich nicht möglich. Sie werden im Zuge eines deutlich beobachtbaren Werte- und Kulturwandels jedoch längst schon aktualisiert – und keineswegs nur von den Rechtspopulist*innen. Entsprechend ist es an der Zeit, sich jenseits der transformativen Forschung und ihrer Blaupausen für einen Gesellschaftswandel sehr viel gründlicher mit den sich tatsächlich vollziehenden Transformationen zu befassen und mit der Frage, wie genau moderne Gesellschaften, ihre nachhaltige Nicht-Nachhaltigkeit praktisch bewältigen und politisch stabilisieren.

4. Wertewandel zur Nachhaltigkeit

Stattdessen wird verbreitet behauptet, dass eine sozial-ökologische Transformation „bereits im Gang" (Brand 2017, S. 73) sei und dass „Pioniere des Wandels bereits heute die Transformation gestalten" (WBGU 2011, S. 260). Dieser mobilisierungsstrategisch motivierten, sozialwissenschaftlich aber zweifelhaften Argumentationsfigur liegt im Falle des WBGU (2011, S. 71ff) Ingleharts These einer *silent revolution* zugrunde, die behauptet, dass in post-industriellen Wohlfahrtsgesellschaften umwelt-, lebensqualitäts- und demokratiebezogene Werte individuell und gesamtgesellschaftlich stetig wichtiger werden, während ältere Prioritäten der materiellen Sicherheit und des materiellen Konsums an relativer Bedeutung verlieren (Inglehart 1977). Inglehart selbst hat seine ursprünglichen Thesen des Postmaterialismus und des modernisierungsbedingten und emanzipatorischen Wertewandels, der auch dem Umweltschutz und der Nachhaltigkeit zuträglich sein soll, inzwischen deutlich revidiert (Inglehart 2018). Doch in wesentlichen Teilen der jüngeren Nachhaltigkeitsliteratur wird weiterhin behauptet, der Wertewandel zur Nachhaltigkeit habe bereits begonnen und werde nicht zuletzt von der Erkenntnis getrieben, dass wirkliche Zufriedenheit, Erfüllung und ein wahrhaft gutes Leben erst jenseits der etablierten Wirtschaftsordnung, Konsummuster und Lebensstile zu finden seien (z.B. Soper 2007; WBGU 2011; Paech 2012; Jackson 2017; Schneidewind 2018).

Zweifellos gibt es eine Vielzahl konsumkritischer Akteure, und in ausdifferenzierten modernen Gesellschaften gibt es kein einheitliches Verständnis von Selbstbestimmung, Selbstverwirklichung und einem guten Leben. Die Rede von einer nennenswerten Abkehr von der Konsumkultur und einem handlungsbestimmenden Wertewandel zur Nachhaltigkeit widerspricht jedoch diametral den Beobachtungen der jüngeren Gesellschaftstheorie: Erstens hat die individuelle Dimension von Subjektivität, Identität und Selbstverwirklichung gegenüber der kollektiven im Zuge der fortschreitenden Modernisierung kontinuierlich an Bedeutung gewonnen, sodass politische Eingriffe im Namen übergeordneter Werte und kollektiver Ziele gegenüber individuellen Selbstverwirklichungsprojekten immer klarer als unzumutbare Freiheitsbeschränkungen zurückgewiesen werden (Giddens 1991; Bauman 2003; Reckwitz 2017). Zweitens werden Subjektivität, Identität und das gute Leben kaum noch in Abgrenzung von Markt und Konsum gedacht. Vielmehr sind Markt und Konsum selbst zur wichtigsten Arena und zum zentralen Modus der Selbstverwirklichung und -erfahrung geworden (Bauman 2009). Drittens wird das bürgerliche Ideal der Authentizität einer gereiften, konsistenten und stabilen Identität durch moderne Erwartungen der Vielseitigkeit, Innovationsbereitschaft und Flexibilität konterkariert (Gergen 1995; Reckwitz 2010, 2017). Prinzipien von Kohärenz, Konsistenz und Konsequenz werden dabei zugunsten eines Zugewinns an Freiheit und Chancen auf gesellschaftlichen Erfolg aufgegeben, der in der *flüchtigen Moderne* (Bauman 2003) wesentlich von der Fähigkeit und Bereitschaft abhängt, schnell und flexibel auf Veränderungen zu reagieren (Sennett 2006; Rosa 2015).

Insgesamt kann diese Verschiebung der Verständnisse von Freiheit und Selbstverwirklichung als Befreiung aus Normen verstanden werden, die in der Vergangenheit einmal den Kern des emanzipatorischen Projekts ausgemacht haben. Die Revision dieser Normen hebt das emanzipatorische Projekt auf eine neue Stufe, sodass sich dieser Werte- und Kulturwandel als *Emanzipation zweiter Ordnung* (Blühdorn 2013a, 2013b) bezeichnen lässt. Zielten emanzipatorische Bestrebungen – als Emanzipation erster Ordnung – zunächst auf die Befreiung aus vorpolitischen Zwängen, tritt an ihre Stelle nun die Befreiung aus den Prinzipien, Verantwortungen und Verpflichtungen, die frühere Emanzipationsbewegungen sich selbst politisch gesetzt hatten, und die auf das christlich-kantische Verständnis von Mündigkeit und Vernunft gegründet sind. Die von Staat und Markt geforderte Flexibilität korrespondiert dabei mit individuellen Agenden der Selbstbestimmung und Selbstverwirklichung (Fraser 2017). Entsprechende Verschiebungen von Lebensstilen und Selbstverwirklichungsmustern vollziehen sich zwar nicht in allen Teilen der Gesellschaft gleichmäßig (Reckwitz 2017). Sie manifestieren sich jedoch über Milieu- und parteipolitische Grenzen hinweg und werden von einer breiten Koalition von Akteuren als gesamtgesellschaftliches Projekt entschieden verteidigt.

Die Emanzipation zweiter Ordnung erhebt die Nicht-Nachhaltigkeit systematisch zum Prinzip: Für die konsumbasierte Selbstverwirklichung sind Wachstum und Ressourcenverbrauch eine *conditio sine qua non*; mit Blick auf die Leistbarkeit der Güter wird auch die möglichst umfassende Externalisierung sozialer und ökologischer Kosten zur Bedingung; und gerade angesichts begrenzter Ressourcen und Senken, sowie notorisch niedriger Wachstumsraten, werden soziale Ungleichheit und Exklusion zum unverzichtbaren Prinzip. Vor allem gesellschaftliche Leitmilieus, die als besonders fortschrittlich, gut gebildet, kosmopolitisch, flexibel, technologie- und mobilitätsaffin gelten, entfalten im Zuge der Emanzipation zweiter Ordnung nicht-nachhaltige Lebensstile, die als rechtmäßige und unverhandelbare Freiheit betrachtet und verteidigt werden. Doch auch die Konjunktur des Rechtspopulismus kann als Ausdruck dieses Werte- und Kulturwandels sowie einer neuen Politik der Nicht-Nachhaltigkeit gelesen werden. Denn die rechtspopulistische Revolte betreibt gezielt die Demontage des inklusiven, egalitären linksliberal-emanzipatorischen Projekts, ersetzt es durch ein exklusives und autoritäres rechts-emanzipatorisches Projekt und organisiert die Politik der sozialen und ökologischen Externalisierung und Exklusion. Vor dem Hintergrund dieser faktischen Transformation und dieses faktischen Wertewandels, die die Nicht-Nachhaltigkeit immer stärker zum Prinzip werden lassen, wirken die Erzählungen von der bereits stattfindenden großen Nachhaltigkeitstransformation und dem sich vollziehenden Wertewandel zur Nachhaltigkeit als Beruhigungs- und Hoffnungsnarrative, die den gesellschaftlichen und nachhaltigkeitswissenschaftlichen Blick auf eben diese tatsächlichen Veränderungen, die Zementierung der Nicht-Nachhaltigkeit und grundlegende Transformationshindernisse verstellen. Darüber hinaus wirft das Zusammenspiel von Rechtspopulismus und Nicht-Nachhaltigkeit ein erhellendes Licht auf die inhärente Spannung zwischen den beiden Dimensionen des ökologisch-demokratischen Bewegungsprojekts.

5. Demokratische Transformation

Zwar gab es gerade in der frühen Phase der neuen sozialen (Umwelt-)Bewegungen auch deutlich hörbare öko-autoritäre Stimmen (Jahn und Wehling 1990; Humphrey 2007, S. 11-29), aber für ganz wesentliche Teile der Umweltbewegung galten und gelten Demokratie und Demokratisierung als die zentralen politischen Mittel für eine Nachhaltigkeitstransformation. Auch im umweltpolitischen Mainstreamdiskurs des *environmental good governance* wurde stets angenommen, dass Demokratisierung und Ökologisierung sich gegenseitig bedingen und befördern (Bäckstrand et al. 2010; Blühdorn und Deflorian 2019). *Policy-maker* versprachen sich von der Verknüpfung eine verbesserte praktische Wirksamkeit ihrer Anstrengungen (Newig 2007; Dietz und Stern 2008). Da sowohl Urheberschaft und Profit von Ressourcenausbeutung, als auch Vulnerabilitäten und Adaptionsvermögen gesellschaftlich ungleich verteilt sind, begründete neben dem Freiheits- und dem Effektivitätsargument auch das der Gleichheit und Gerechtigkeit die enge Verbindung zwischen Ökologie und Demokratie (Christoff und Eckersley 2013; Schlosberg 2013). Entsprechend wurden partizipative Beteiligungsverfahren und das Verursacherprinzip zu zentralen umweltpolitischen Forderungen.

Auch in der zeitgenössischen sozialwissenschaftlichen Nachhaltigkeitsforschung wird in aller Regel ein förderliches Wechselverhältnis zwischen Demokratie und sozial-ökologischer Transformation angenommen (WBGU 2011, S. 53ff, S. 204f), obwohl jenseits normativer Setzungen grundlegende Zweifel bezüglich der Verbindung von Demokratisierung und Ökologisierung durchaus berechtigt sind. Neben Bedenken wie etwa der Langsamkeit, Gegenwartsfixiertheit oder territorialen Beschränktheit der Demokratie (Schmidt 2005; Höffe 2009; Blühdorn 2013b) spielt dabei u.a. die grundsätzliche Beschränkung von demokratischen Ansätzen auf den öffentlichen Bereich eine wesentliche Rolle. Gerade im Zuge des hegemonial gewordenen Neoliberalismus ist aber der Bereich des Öffentlichen erheblich reduziert und der des Privatisierten entsprechend ausgeweitet worden. In der privatwirtschaftlich organisierten Produktion und beim privaten Konsum können demokratische Steuerung und Kontrolle aber nur sehr vermittelt einwirken. Darüber hinaus ist jüngst der enge Zusammenhang zwischen der Entfaltung westlicher Demokratien und der ressourcenintensiven Industrialisierung dargelegt worden (Mitchell 2011; Malm 2016): Das bevorzugte Mittel im demokratischen Kampf gegen Armut und Ausbeutung und zur Befriedung politischer Konflikte war stets die breitenwirksame Verbesserung der materiellen Versorgung bei gleichzeitiger Zurückhaltung in der Nutzung explizit umverteilender Politikinstrumente. Die dafür benötigten Wachstumsraten beruhten allerdings auf der uneingeschränkten Verfügbarkeit fossiler Rohstoffe. Und so wurde die Demokratie ganz unabhängig von ihrer beschränkten Tauglichkeit als *Mittel* zur Bearbeitung ökologischer Problemlagen selbst zur wesentlichen (Mit-)*Ursache* des Problems: „Demokratie in Gestalt einer gleicheren Nutzung von Ressourcen und Senken stellt sich allem Anschein nach derzeit als Gleichheit in der Übernutzung dar" (Wissen 2016, S. 53).

Der also durchaus begründete Verdacht einer Art „Komplizenschaft" zwischen Demokratie und Nicht-Nachhaltigkeit (Eckersley 2017, S. 986) erhärtet sich weiter, wenn die Implikationen der Emanzipation zweiter Ordnung berücksichtigt werden. Die oben angedeutete *Befreiung aus der Mündigkeit* führt nämlich unvermeidlich zur Wahrnehmung einer zunehmenden Dysfunktionalität der Demokratie und einer entsprechenden Neuformierung des demokratischen Projekts: Neben der strukturell geringen, und unter Bedingungen der Komplexität, transnationalen Vernetzung und Dynamik sogar weiter abnehmenden Fähigkeit demokratischer Systeme, ökologische Probleme zu be- und verarbeiten (*systemische Dysfunktionalität*), zeigt sich auch eine geringe Funktionalität im Hinblick auf heute idealisierte Freiheitsverständnisse, Selbstverwirklichungsmuster und Lebensstile (*emanzipatorische Dysfunktionalität*). Weit hinausreichend über bereits traditionell eher demokratieskeptische, elitäre Milieus, werden an den neuen Grenzen des Wachstums die egalitären, partizipativen oder gar redistributiven Versprechen sozialdemokratischer oder grün-alternativer Demokratieverständnisse auch für all jene zum Problem, die ihren erreichten Lebensstil und Lebensstandard verteidigen und weiter ausbauen wollen. Unter diesen Umständen wird die Abhängigkeit der Politik und des Umweltstaates von demokratischer Legitimation zunächst zum wesentlichen Hindernis einer sozial-ökologischen Transformation (Hausknost 2019), bevor die Demokratie dann ihrerseits zum wesentlichen Instrument zur Organisation und Legitimation der Politik der Nicht-Nachhaltigkeit mutiert – denn die gesellschaftlich vorherrschenden Verständnisse von Demokratie verändern sich nach Maßgabe der jeweils dominanten Vorstellungen von Freiheit und Selbstbestimmung.

Tatsächlich erfährt die liberale Demokratie im Zeichen der rechtspopulistischen Revolte deutlich erkennbar eine grundlegende Transformation. Dass sie als immer offenes Projekt (Held 2006) auch zum umfassenden Wandel ihres normativen Kerns in der Lage ist, verdankt sich nicht zuletzt der Tatsache, dass sie immer schon nicht nur „ein Mechanismus der Inklusion" war, sondern „auch des Ausschlusses" (Krastev 2017, S. 131; Phillips 1991). Heute sind rechtspopulistische Bewegungen bzw. Diskurse die politische Arena, in der dieser Wandel wesentlich betrieben wird. Die dort vorgetragene Kritik an etablierten Institutionen der repräsentativen Demokratie und die gleichzeitige Forderung nach mehr direkter Demokratie zielen auf die Ablösung der „Demokratie als eine Staatsform, welche die Emanzipation von Minderheiten fördert, durch Demokratie als ein politisches Regime, das die Macht der Mehrheit sichert" (Krastev 2017, S. 124). Die von heutigen Freiheitsverständnissen sowie den neuen Grenzen des Wachstums herrührende Notwendigkeit neuer Grenzziehungen und verstärkter Ausgrenzung ist zweifellos eine wesentliche Triebfeder dieser Transformation der Demokratie. Sie bedeutet eine Umkehrung der Logik zunehmender Inklusion in eine der demokratisierten Exklusion (Blühdorn und Butzlaff 2019). Vor dem Hintergrund nicht-nachhaltiger Selbstverwirklichungsideale und Berechtigungsansprüche einer großen gesellschaftlichen Mehrheit, trägt die Demokratie also mitunter zur Stabilisierung und Legitimation der *imperialen Lebensweise* (Brand und Wissen 2017) und der *Externalisierungsgesellschaft* (Lessenich 2016) bei. Als Mittel einer sozial-ökologischen Transformation wird sie daher im gleichen Maße problematisch, wie sie zum zentralen Baustein der Resilienzstrategie nachhaltig nicht-nachhaltiger Gesellschaften wird.

Die sozialwissenschaftliche Nachhaltigkeitsforschung nimmt all dies bisher aber nur sehr zögernd zur Kenntnis. Der deutlich erkennbaren

Transformation nicht nur demokratischer Institutionen, sondern auch vorherrschender demokratischer Normvorstellungen verweigert sie sich noch weitgehend. Um dieser faktischen Transformation und autoritären, expertokratischen oder epistokratischen Umwelt- und Nachhaltigkeitspolitiken nicht weiter Vorschub zu leisten, müsste sie der Spannung zwischen sozialökologischen Transformationsagenden und der verbreiteten Forderung nach mehr Demokratie dringend sehr viel gründlicher nachgehen. Es gibt, wohlbemerkt, keinen Grund zu der Annahme, dass autoritär, expertokratisch oder epistokratisch ausgerichtete Nachhaltigkeitsstrategien etwa nachhaltigkeitspolitisch aussichtsreicher wären. Aber das hergebrachte Vertrauen, dass mehr Bürgerbeteiligung, bessere Repräsentation, deliberativere Bürgerforen oder mehr direkte Demokratie zwangsläufig einer Transformation zur Nachhaltigkeit förderlich seien, ist gerade im Zeichen der rechtspopulistischen Revolte nicht mehr tragfähig. Und die unhinterfragte Annahme eines fruchtbaren Wechselverhältnisses von Demokratie und Demokratisierung auf der einen und sozial-ökologischer Transformation auf der anderen Seite verstellt den Blick auf die faktische Transformation der Demokratie und deren nachhaltigkeitspolitische Implikationen.

6. Jenseits der Endlosschleife

Moderne Demokratien befinden sich nachhaltigkeitspolitisch an einem Punkt, an dem sich in verschiedener Hinsicht Grundsätzliches verschiebt, bzw. grundsätzliche Verschiebungen an die Oberfläche brechen, die sich bisher heimlich vollzogen haben. Dies belegt u.a. die Konjunktur des Rechtspopulismus, der in einer Weise gegen nachhaltigkeitspolitische Agenden mobilmacht, die bis vor kurzem noch völlig undenkbar schien. Dass die vielfältigen Krisen moderner Gesellschaften auch weiterhin vor allem mit Strategien bearbeitet werden, die die Logik der Nicht-Nachhaltigkeit eher befestigen als überwinden, bedeutet für die sozialwissenschaftliche Nachhaltigkeits- und Transformationsforschung zunächst, dass es an der Zeit ist, ihr festes Vertrauen in die Strategie- und Steuerungsfähigkeit moderner Gesellschaften zu überdenken. Darüber hinaus ist es nach etlichen Jahrzehnten umweltpolitischer Mobilisierung und Anstrengungen angemessen zu fragen, welchen Anteil die Nachhaltigkeitsforschung möglicherweise selbst am Ausbleiben der großen Transformation und an der fortgesetzten Politik der Nicht-Nachhaltigkeit hat. Eine gesellschaftlich verantwortliche Nachhaltigkeitsforschung darf die Problemlagen, mit denen sie sich – als verantwortliche – notwendigerweise beschäftigen muss, nicht nur in der Gesellschaft, in den gesellschaftlichen Naturverhältnissen und in anderen Disziplinen suchen, also jenseits ihrer selbst. Sondern sie muss berücksichtigen, dass sie bei deren Konstruktion, Politisierung und Depolitisierung selbst ein zentraler Akteur ist.

Die obigen Überlegungen zielen darauf, eine solche selbstreflexive Auseinandersetzung anzuregen. Wir haben ausgeführt, wie stetig wiederholte Argumentationsfiguren, wie etwa die der Unmöglichkeit des *Weiter So*, einer bereits stattfindenden Transformation zur Nachhaltigkeit und einer reibungslos konstitutiven Verbindung von Demokratie, Demokratisierung und sozial-ökologischer Transformation den Blick auf den tatsächlichen Ausbau von Resilienzstrategien für eine Politik der fortgesetzten Nicht-Nachhaltigkeit verstellen. Ebenso behindern sie die Auseinandersetzung mit dem tatsächlichen Kultur- und Wertewandel, mit transformierten Verständnissen von Freiheit, Selbstbestimmung und Selbstverwirklichung, und mit dem Wandel des normativen Kerns der Demokratie. Wenn Schneidewind „weiten Teilen des Wissenschaftssystems" vorwirft, sich in „splended isolation" von Gesellschaft und Politik bzw. den gesellschaftlichen Herausforderungen zu befinden, so hat er damit zweifellos recht (Schneidewind 2015, S. 90f). Gerade die solutionistische, mobilisierende, transformative und hoffnungsspendende Nachhaltigkeitsliteratur ist jedoch ihrerseits in sonderbarer Art und Weise abgekoppelt von den gesellschaftlichen Realitäten. Sie produziert und reproduziert sozialwissenschaftlich vergessene, enthistorisierte Transformations- und Hoffnungsnarrative, die die Ursachen der Resilienz der Nicht-Nachhaltigkeit bestenfalls teilweise erfassen. Das ist insofern verständlich (und richtig), als politische Narrative notwendig und immer Komplexität reduzieren (müssen), denn die umfassende Analyse der Komplexität wirkt leicht demobilisierend und politisch lähmend. Die Verantwortlichkeit einer gesellschaftlich engagierten sozialwissenschaftlichen Nachhaltigkeitsforschung ist jedoch in erster Linie die Beschreibung und Analyse der tatsächlichen gesellschaftlichen Verhältnisse und des beobachtbaren gesellschaftlichen Wandels, sowie die Entwicklung entsprechender Theorieangebote zur Erklärung und Interpretation. Wo sie diese Verantwortung nicht wahrnimmt, verfängt sie sich mit ihren Transformationsnarrativen in der nachhaltigkeitspolitischen Endlosschleife und trägt ihrerseits zur Aufrechterhaltung und Verfestigung der Nicht-Nachhaltigkeit bei.

Je ernster die Sozialwissenschaften es mit der gesellschaftlichen Transformation zur Nachhaltigkeit meinen, desto mehr werden sie angesichts der offenkundigen Resilienz der Nicht-Nachhaltigkeit ihren Fokus von den *Wegen* und *Strategien* auf die *Hindernisse* und *Blockaden* verschieben müssen. Dazu gehört ganz wesentlich, dass sie sich selbst nicht nur als *transformative* Wissenschaft verstehen und präsentieren, sondern sich sehr viel stärker auch selbstkritisch als *defensive* und *blockierende* hinterfragen. Sehr viel stärker muss es also noch darum gehen, gerade auch die ihrer Selbstbeschreibung nach transformative Nachhaltigkeitsforschung als mögliche unbeabsichtigte Komplizin und als aktive Mitspielerin in der Politik der Nicht-Nachhaltigkeit zu untersuchen. Das bedeutet freilich eine erhebliche Zumutung und Selbst-Infragestellung. Doch das nachhaltigkeitspolitische Problem liegt heute längst nicht mehr im Mangel an Erfolg versprechenden Politikvorschlägen, sondern im fehlenden Willen bzw. der fehlenden Fähigkeit zu deren politischer Umsetzung. Wer vor diesem Hintergrund weiter Narrative pflegt, die gesellschaftstheoretisch nicht abgesichert und sozialwissenschaftlich nicht haltbar sind; und wer es unterlässt, sich ein klares Verständnis von gesellschaftlichen Veränderungsprozessen zu verschaffen, die das politische Terrain und die bestimmenden Parameter von nachhaltigkeitspolitischen Debatten und entsprechendem Handeln derzeit grundsätzlich neu konfigurieren, der ist wissenschaftlich und gesellschaftlich zumindest fahrlässig.

Eine meta-kritische Soziologie wiederum muss sich ihrerseits überlegen, welchen Sinn es haben kann, die lieb gewonnenen Kritik-, Lösungs- und Hoffnungsnarrative meta-kritisch in Frage zu stellen. Kann sie selbst neue Vorschläge unterbreiten und Perspektiven eröffnen? Auf welche normativen Ressourcen kann sie dabei gegebenenfalls zurückgreifen? Und riskiert sie mit der Dekonstruktion etablierter Mobilisierungsnarrative nicht sogar demobilisierende Effekte. Dieses Risiko ist unbestreitbar, aber die Bemühung, Sicherheiten und Hoffnungen, die tatsächlich vor allem der Verteidigung und Verfestigung der Nicht-Nachhaltigkeit zuarbeiten, zu dekonstruieren, könnte es auch erleichtern, den Weg der Nicht-Nachhaltigkeit zu verlassen, politische Energien freizusetzen, deren Wirkung sich einstweilen noch gar nicht abschätzen lässt, und neue normative Referenzpunkte für eine sozial-ökologische Transformation zu formulieren. Angesichts der tatsächlichen Transformation, d.h. der rechtspopulistischen Revolte und der Emanzipation zweiter Ordnung, ist einstweilen zwar unklar, wo solche Ressourcen und Energien vielleicht entstehen könnten. Immerhin kann das Aufbrechen von etablierten Denkmustern sowie das radikale Hinterfragen auch der eigenen Argumentationsschemata aber dazu beitragen, die entsprechenden Voraussetzungen und Möglichkeiten zu erkunden. Die regelmäßige Wiederkehr der Karussellpferdchen mahnt also nicht zuletzt zu mehr Demut und Bescheidenheit – und zum Abschied von der selbstgefälligen Selbstbeschreibung der sozialwissenschaftlichen Nachhaltigkeitsforschung als wesentlicher Motor und Katalysator einer sozial-ökologischen Transformation.

Literatur

Bäckstrand, Karin; Khan, Jamil; Kronsell, Annica, und Eva Lövbrand (Hrsg.). 2010. *Environmental Politics and Deliberative Democracy. Examining the Promise of New Modes of Governance.* Cheltenham: Edward Elgar Publishing.

Bauman, Zygmunt. 2003. *Flüchtige Moderne.* Frankfurt am Main: Suhrkamp.

Bauman, Zygmunt. 2009. *Leben als Konsum.* Hamburg: Hamburger Edition.

Blühdorn, Ingolfur. 2000. *Post-ecologist Politics. Eco-Politics beyond the Post-Ecologist Turn.* London: Routledge.

Blühdorn, Ingolfur. 2006. „Self-Experience in the Theme Park of Radical Action? Social Movements and Political Articulation in the Late-Modern Condition". *European Journal of Social Theory* 9 (1): 23-42.

Blühdorn, Ingolfur. 2011. „The Politics of Unsustainability: COP15, Post-Ecologism and the Ecological Paradox". *Organization & Environment* 24 (1): 34-53.

Blühdorn, Ingolfur. 2013a. „The governance of unsustainability: Ecology and democracy after the post-democratic turn". *Environmental Politics* 22 (1): 16-36.

Blühdorn, Ingolfur. 2013b. *Simulative Demokratie: Neue Politik nach der postdemokratischen Wende.* Berlin: Suhrkamp.

Blühdorn, Ingolfur. 2014. „Post-Ecologist Governmentality: Post-Democracy, Post-Politics and the Politics of Unsustainability". In Wilson, Japhy, und Erik Swyngedouw (Hrsg.). *The Post-Political and Its Discontents: Spaces of Depoliticisation, Spectres of Radical politics.* Edinburgh: Edinburgh University Press, 146-166.

Blühdorn, Ingolfur. 2017. „Post-capitalism, Post-growth, Post-Consumerism: Eco-political Hopes beyond Sustainability". *Global Discourse* 7 (1): 42-61.

Blühdorn, Ingolfur, und Felix Butzlaff. 2019. „Rethinking Populism: Peak Democracy, Liquid Identity and the Performance of Sovereignty". *European Journal of Social Theory* 22 (2): 191-211.

Blühdorn, Ingolfur, und Michael Deflorian. 2019. „The Collaborative Management of Sustained Unsustainability: On the Performance of Participatory Forms of Environmental Governance". *Sustainability* 11 (4): 1189.

Boltanski, Luc. 2010. *Soziologie und Sozialkritik.* Berlin: Suhrkamp.

Boltanski, Luc, und Ève Chiapello. 2003. *Der neue Geist des Kapitalismus.* Konstanz: UVK.

Brand, Karl-Werner (Hrsg.). 2017. *Die sozial-ökologische Transformation der Welt: Ein Handbuch.* Frankfurt am Main: Campus.

Brand, Ulrich. 2016. „How to Get Out of the Multiple Crisis? Contours of a Critical Theory of Social-Ecological Transformation". *Environmental Values* 25 (5): 503-525.

Brand, Ulrich, und Markus Wissen. 2017. *Imperiale Lebensweise: Zur Ausbeutung von Mensch und Natur im globalen Kapitalismus.* München: oekom.

Celikates, Robin. 2009. *Kritik als soziale Praxis: Gesellschaftliche Selbstverständigung und kritische Theorie.* Frankfurt am Main: Campus.

Christoff, Peter, und Robyn Eckersley. 2013. *Globalization and the Environment*. Lanham: Rowman & Littlefield.

Dean, Jodi. 2009. *Democracy and Other Neoliberal Fantasies: Communicative Capitalism and Left Politics*. Durham: Duke University Press.

Dietz, Thomas, und Paul Stern (Hrsg.). 2008. *Public Participation in Environmental Assessment and Decision-Making*. Washington, DC: National Research Council.

Dobson, Andrew. 1990. *Green Political Thought*. London: Unwin Hyman.

van Dyk, Silke, und Stefanie Graefe. 2018. „Identitätspolitik oder Klassenkampf? Über eine falsche Alternative in Zeiten des Rechtspopulismus". In Becker, Karina; Dörre, Klaus, und Peter Reif-Spirek (Hrsg.). *Arbeiterbewegung von rechts? Ungleichheit – Verteilungskämpfe – populistische Revolte*. Frankfurt am Main: Campus, 337-353.

Eckersley, Robyn. 2017. „Geopolitan Democracy in the Anthropocene". *Political Studies* 65 (4): 983-999.

Ernstson, Henrik, und Erik Swyngedouw. 2019. „Politicizing the Environment in the Urban Century". In Ernstson, Henrik, und Erik Swyngedouw (Hrsg.). *Urban Political Ecology in the Anthropo-Obscene: Interruptions and Possibilities*. Abingdon: Routledge, 3-21.

Fraser, Nancy. 2009. „Feminism, Capitalism and the Cunning of History". *New Left Review* 56: 98-117.

Fraser, Nancy. 2017. „Vom Regen des progressiven Neoliberalismus in die Traufe des reaktionären Populismus". In Geisenberger, Heinrich (Hrsg.). *Die Große Regression*. Berlin: Suhrkamp, 77-92.

Gergen, Kenneth. 1995. *The saturated self: Dilemmas of identity in contemporary life*. New York: Basic Books.

Giddens, Anthony. 1991. *Modernity and Self-Identity: Self and Society in the Late Modern Age*. Stanford: Stanford University Press.

Görg, Christoph. 2016. „Planetarische Grenzen". In Bauriedl, Sybille (Hrsg.). *Wörterbuch Klimadebatte*. Bielefeld: transcript, 239-243.

Graefe, Stefanie. 2019. *Resilienz im Krisenkapitalismus. Wider das Lob der Anpassungsfähigkeit*. Bielefeld: transcript.

Hausknost, Daniel. 2019. „Der demokratische Staat und die gläserne Decke der Transformation". In Blühdorn, Ingolfur et al. (Hrsg.) (im Erscheinen). *Nachhaltige Nicht-Nachhaltigkeit: Warum die sozial-ökologische Transformation nicht stattfindet*. Bielefeld: transcript.

Held, David. 2006. *Models of Democracy*. Cambridge: Polity.

Held, Martin. 2016. „Große Transformation – von der fossil geprägten Nichtnachhaltigkeit zu einer postfossilen nachhaltigen Entwicklung". In Held, Martin; Kubon-Gilke, Gisela, und Richard Sturn (Hrsg.). *Politische Ökonomik großer Transformationen. Jahrbuch Normative und institutionelle Grundfragen der Ökonomik. Band 15*. Marburg: metropolis, 323-352.

Höffe, Otfried. 2009. *Ist die Demokratie zukunftsfähig?* München: Beck.

Humphrey, Mathew. 2007. *Ecological Politics and Democratic Theory. The challenge to the deliberative ideal.* Abingdon: Routledge.

Inglehart, Ronald. 1977. *The silent revolution: Changing values and political styles among western publics.* Princeton: Princeton University Press.

Inglehart, Ronald. 2018. *Cultural Evolution: People's Motivations are Changing, and Reshaping the World.* Cambridge: Cambridge University Press.

Iser, Mattias. 2008. *Empörung und Fortschritt. Grundlagen einer kritischen Theorie der Gesellschaft.* Frankfurt am Main: Campus.

Jackson, Tim. 2017. *Wohlstand ohne Wachstum – das Update. Grundlagen für eine zukunftsfähige Wirtschaft.* München: oekom.

Jahn, Thomas, und Peter Wehling. 1990. *Ökologie von rechts. Nationalismus und Umweltschutz bei der Neuen Rechten und den „Republikanern".* Frankfurt am Main: Campus.

Jänicke, Martin. 2007. *Mega-Trend Umweltinnovation. Zur ökologischen Modernisierung von Wirtschaft und Staat.* München: oekom.

Krastev, Ivan. 2017. „Auf dem Weg in die Mehrheitsdiktatur?". In Geiselberger, Heinrich (Hrsg.). *Die große Regression.* Berlin: Suhrkamp, 117-134.

Latour, Bruno. 2004. „Why has critique run out of steam? From matters of fact to matters of concern". *Critical Enquiry* 30 (2): 225-248.

Lehnert, Detlef. 1983. *Sozialdemokratie zwischen Protestbewegung und Regierungspartei 1848 bis 1983.* Berlin: Suhrkamp.

Lessenich, Stephan. 2014. „Soziologie – Krise – Kritik. Zu einer kritischen Soziologie der Kritik". *Soziologie* 43 (1): 7-24.

Lessenich, Stephan. 2016. *Neben uns die Sintflut. Die Externalisierungsgesellschaft und ihre Folgen.* Berlin: Hanser.

Luhmann, Niklas. 1986. *Ökologische Kommunikation. Kann die moderne Gesellschaft sich auf ökologische Gefährdungen einstellen?* Opladen: Westdeutscher Verlag.

Malm, Andreas. 2016. *Fossil Capital: The Rise of Steam Power and the Roots of Global Warming.* London: Verso.

Mason. Paul. 2016. *Postkapitalismus. Grundrisse einer kommenden Ökonomie.* Berlin: Suhrkamp.

Mitchell, Timothy. 2011. *Carbon Democracy: Political Power in the Age of Oil.* New York: Verso.

Mol, Arthur; Sonnenfeld, David, und Gert Spaargaren (Hrsg.) 2009. *The Ecological Modernisation Reader.* London: Routledge.

Neckel, Sighard; Besedovsky, Natalia; Boddenberg, Moritz; Hasenfratz, Martina; Pritz, Sarah Miriam, und Timo Wiegand (Hrsg.). *Die Gesellschaft der Nachhaltigkeit: Umrisse eines Forschungsprogramms.* Bielefeld: transcript.

Newig, Jens. 2007. „Does public participation in environmental decisions lead to improved environmental quality? Towards an analytical framework. Communication, Cooperation, Participation". *International Journal of Sustainability Communication* 1 (1): 51-71.

Paech, Niko. 2012. *Befreiung vom Überfluss. Auf dem Weg in die Postwachstumsökonomie*. München: oekom.

Phillips, Anne. 1991. *Engendering democracy*. Cambridge: Polity Press.

Reckwitz, Andreas. 2010. *Subjekt*. Bielefeld: transcript.

Reckwitz, Andreas. 2017. *Die Gesellschaft der Singularitäten*. Berlin: Suhrkamp.

Rockström, Johan. 2015. „Bounding the Planetary Future: Why We Need a Great Transition". Online zugänglich unter: https://www.greattransition.org/publication/bounding-the-planetary-future-why-we-need-a-great-transition, letzter Zugriff: 04.06.2019.

Rosa, Hartmut. 2015. *Beschleunigung. Die Veränderung der Zeitstrukturen in der Moderne*. Berlin: Suhrkamp.

Schatzki, Theodore. 1996. *Social Practices. A Wittgensteinian Approach to Human Activity and the Social*. Cambridge: Cambridge University Press.

Schlosberg, David. 2013. „Theorising environmental justice. The expanding sphere of a discourse". *Environmental Politics* 22 (1): 37-55.

Schlosberg, David, und Romand Coles. 2016. „The new environmentalism of everyday life: Sustainability, material flows and movements". *Contemporary Political Theory* 15 (2): 160-181.

Schmidt, Manfred. 2005. „Zur Zukunftsfähigkeit der Demokratie - Befunde des internationalen Vergleichs". In Kaiser, André, und Wolfgang Leidhold (Hrsg.). *Demokratie. Chancen und Herausforderungen im 21. Jahrhundert*. Münster: LIT, 70-91.

Schneidewind, Uwe. 2015. „Transformative Wissenschaft - Motor für gute Wissenschaft und lebendige Demokratie". *GAIA - Ecological Perspectives for Science and Society* 24 (2): 88-91.

Schneidewind, Uwe. 2018. *Die Große Transformation: Eine Einführung in die Kunst gesellschaftlichen Wandels*. Frankfurt: S. Fischer Verlag.

Schneidewind, Uwe, und Mandy Singer-Brodowski. 2014. *Transformative Wissenschaft. Klimawandel im Deutschen Wissenschafts- und Hochschulsystem*. Marburg: metropolis.

Sennett, Richard. 2006. *Der flexible Mensch*. Berlin: Berliner Taschenbuch Verlag.

Shove, Elizabeth. 2014. „Putting practice into Policy: Reconfiguring Questions of Consumption and Climate Change". *Contemporary Social Science* 9 (4): 415-429.

Soper, Kate. 2007. „Rethinking the Good Life: The Citizenship Dimension of Consumer Disaffection with Consumerism". *Journal of Consumer Culture* 7 (2): 205-229.

Thürmer-Rohr, Christina. 2008. „Mittäterschaft von Frauen: Die Komplizenschaft mit der Unterdrückung". In Becker, Ruth, und Beate Kortendiek (Hrsg.). *Handbuch Frauen- und Geschlechterforschung*. Wiesbaden: Springer VS, 88-93.

WBGU – Wissenschaftlicher Beirat der Bundesregierung Globale Umweltveränderungen. 2011. *Welt im Wandel. Gesellschaftsvertrag für eine Große Transformation. Hauptgutachten*. Berlin: WBGU.

Willke, Helmut. 2014. *Demokratie in Zeiten der Konfusion*. Berlin: Suhrkamp.

Wissen, Markus. 2016. „Jenseits der carbon democracy. Zur Demokratisierung der gesellschaftlichen Naturverhältnisse". In Demirović, Alex (Hrsg). *Transformation der Demokratie – demokratische Transformation*. Münster: Westfälisches Dampfboot, 48-66.

Heterogene Geographien der Nicht-Nachhaltigkeit

Koreflexion zu Ingolfur Blühdorn und Hauke Dannemann, „Der post-öko-logische Verteidigungskonsens. Nachhaltigkeitsforschung im Verdacht der Komplizenschaft"

Samuel Mössner

In ihrem Beitrag „Der post-ökologische Verteidigungskurs" kritisieren die Autoren Ingolfur Blühdorn und Hauke Dannemann, dass in Gesellschaft und Wissenschaft die Überzeugung dominiere, „die sozial-ökologische Krise [lasse sich] allemal innerhalb der bestehenden gesellschaftlichen Strukturen bewältig[en]". Diese Überzeugung wurde selten so treffend beschrieben, wie in unten zitierter Passage des Geographen Erik Swyngedouw im Buch „The Sustainability Paradox" (Krueger und Gibbs 2007):

> *"I have not been able to find a single source that is against ‚sustainability.'* *Greenpeace is in favor, George Bush Jr. and Sr. are, the World Bank and its chairman (a prime warmonger on Iraq) are, the Pope is, my son Arno is, the rubber tappers in the Brazilian Amazon forest are, Bill Gates is, the labor unions are. All are presumably concerned about the longterm socioenvironmental survival of (parts of) humanity; most just keep on doing business as usual."* (Swyngedouw 2007, S. 20)

Auf den ersten Blick scheinen die Anzeichen für eine Transformation der Gesellschaft durchaus vielversprechend: Grüne Technologien im Bau werden bezuschusst, der Umstieg auf Elektromobilität wird gefördert und ist auf den ersten Blick wohl auch politischer Wille, zahlreiche Städte gewinnen Nachhaltigkeitspreise und planen ganze Öko-Quartiere, Wissenschaftler*innen sprechen von der Mobilitätswende im Verkehr, neu aufkommende Unverpackläden und das kollektive Entsetzen über Plastikstrudel und -inseln in den Ozeanen lassen auf ein Umdenken im alltäglichen Konsum hoffen. Bei näherer Betrachtung täuschen sie jedoch darüber hinweg, dass eine „Gesellschaft der Nachhaltigkeit", so Blühdorn und Dannemann, im Wesen nicht existiert.

In ihrem Beitrag klagen die Autoren eine „Politik der Nicht-Nachhaltigkeit" an, die die „Verteidigung [der] ökologischen und sozial zerstörerischen Ordnung und Werte" (Blühdorn und Dannemann in diesem Band, S. 113) zum Ziel hat und eine Transformation nur unter Reproduktion und Schutz bestehender gesellschaftlicher Ordnung verfolgt. Richtet man den Blick aber weniger auf die zahlreichen *best practice*-Beispiele und damit auf die vermeintlich erfolgreichen „Wege und Strategien" (ebd., S. 128) einer nachhaltigen Entwicklung, sondern hingegen auf die ebenso zahlreichen und trotz positiver Ansätze weiterhin bestehenden „Hindernisse und Blockaden" (ebd.), dann erscheint die vermeintliche Transformation in anderem Lichte. Aus dieser Perspektive heraus konstatieren Blühdorn und Dannemann zurecht, dass im Widerspruch zu einem vermeintlichen gesellschaftlichem Konsens weder „ein Gesellschaftsvertrag für eine Große Transformation" (ebd., S. 113) existiere, noch der versprochene „große strukturelle Umbau moderner Gesellschaften" (ebd.) in Gang gekommen oder „[n]ennenswerte Transformationen [...] in Sicht" (ebd., S. 114) seien. Blühdorn und Dannemann reihen sich damit in eine Gruppe kritischer Wissenschaftler*innen ein, die die Transformation als Prozess des postpolitischen ‚polic(y)ing' und Regierens mithilfe eines inszenierten Konsenses kritisieren. Ziel des Konsenses ist es, die tiefen antagonistischen sozialen Positionen, die der Kapitalismus des 21. Jahrhunderts hervorbringt, zu depolitisieren (Macleod 2011, S. 2632). Im Grunde geht es also im Beitrag nicht um die Facetten einer nachhaltigen Entwicklung oder gar um eine Definition von Nachhaltigkeit, sondern um den Umgang mit gesellschaftlichen Konflikten und die Aushandlung politischer Räume.

Dabei greift der Beitrag zwei zentrale Bereiche der Gesellschaft heraus: So dürfen Praxis und Politik zum einen nicht nur „die Resilienz ihrer bestehenden Ordnung [...] stärken" (Blühdorn und Dannemann in diesem Band, S. 114), sondern sollen vor allem deren Logik und Dynamik verändern. Zum anderen darf sich die Wissenschaft weniger als „externe Beobachterin" verstehen und aus dieser Perspektive Hoffnung auf einen Wandel innerhalb der bestehenden Ordnung wecken. Als reflexiv-kritische Wissenschaft soll sie sich selbst als an der „Konstruktion, Politisierung und Depolitisierung" (ebd.) der Politik der Nicht-Nachhaltigkeit beteiligt verstehen. Der vorliegende Kommentar möchte diese beiden Punkte aus räumlich-geographischer Perspektive unterfüttern und dabei zum einen auf eine räumliche Dialektik von Nachhaltigkeit und Nicht-Nachhaltigkeit im Sinne heterogener Geographien eingehen, zum anderen den selektiven Rekurs auf vermeintliche *best practice*-Beispiele in einem spezifischen Segment der Nachhaltigkeits- und Transformationsliteratur kritisieren.

1. Heterogene Geographien städtischer Nachhaltigkeit

Anknüpfend an die Errungenschaften der frühen Umweltbewegungen (Uekötter 2014) wurden die Ziele einer nachhaltigen Entwicklung schon früh auf städtischer Ebene aufgegriffen (Béal 2012) und dort im Sinne des Imperativs des urbanen Wettbewerbs für die Bedingungen neoliberaler Stadtpolitik umformuliert. Theoretisch untermauert wurde der Prozess durch die Ansätze der ökologischen Modernisierung, infolge derer die nachhaltige Stadt vor allem in technischer Hinsicht diskutiert und umgesetzt wurde und die technischen Innovationen durch selektiv-partizipative Ansätze politische Legitimierung fanden (Roseland 1997). Freiburger Stadtteile wie Vauban oder Rieselfeld stehen heute repräsentativ für solchermaßen erfolgreiche Planungsansätze.

Ende der 1980er / Anfang der 1990er Jahre wurden Vauban und das Rieselfeld auf den verbliebenen Freiflächen der Stadt Freiburg als Reaktion auf einen damals schon angespannten Wohnungsmarkt geplant. Die *Green City*-Strategie der Stadt Freiburg, in deren Zentrum die Stadtteile Vauban und Rieselfeld heute stehen, umfasst vor allem die Politikbereiche Wohnen und Bauen, verkehrliche Mobilität, Energie und Beteiligungsverfahren und greifen damit die simplifizierende und zugleich utopische Vorstellung des bekannten Nachhaltigkeitsdreiecks auf, in dem Ökologie, Ökonomie und Soziales in einen quasi-harmonischen Zustand von gegenseitiger Gleichbedeutung nebeneinander stehen. Betrachtet man die Vorzeigestadtteile in Freiburg, scheint das auf den ersten Blick auch zu passen: Der ökologische Erfolg bemisst sich an energetischen Sanierungen, alternativen Energiequellen und der Errichtung von Gebäuden in Plus-, Passiv- oder Niedrigenergiebauweise. Die soziale Nachhaltigkeit wird durch Partizipation einer ohnehin prominent in die Politik eingebundenen Bildungsmittelschicht belegt und der ökonomische Erfolg geht mit der Tatsache einher, dass beide Quartiere in den vergangenen Jahren die höchsten Mietpreissteigerungen der Stadt aufwiesen. Entsprechend überschlagen sich die (internationalen) Bewertungen (s.u.) und huldigen die Quartiere als *best practice*-Beispiele einer nachhaltigen Stadtentwicklung. Innerstädtische Konflikte um bezahlbaren Wohnraum (Mössner 2015), die Verdrängung von unangepassten, widerständigen Gruppierungen oder die soziale Homogenität in den Vorzeigequartieren werden üblicherweise selten thematisiert.

Während die Stadt Freiburg mit ihrem Modell der *Green City* einerseits auf internationalen Kongressen punkten kann (so zum Beispiel auf der EXPO in Shanghai 2010) und ihre Politikstrategie als sogenannte *mobile policy* global vermarktet, ist andererseits wenig über die regionale Einbettung der Stadt bekannt. Nur am Rande berichten lokale Zeitungsnotizen davon, dass die Stadt neben einem boomenden Wachstum als „Schwarmstadt" auch signifikant Einwohner*innen an das Umland verliert (Röderer 2017). Das sind vor allem junge Familien, die ihre Vorstellungen von Wohnraum nicht auf dem städtischen Wohnungsmarkt realisieren können oder möchten, da dies entweder signifikant höhere Preise zur Folge hätte oder die Vorstellung ausreichender Wohnfläche den Ausgaben für die strikten Energiestandards der Stadt und andere technische Aufrüstungen angepasst werden müssten. Ähnlich wie die *Green City* verzeichnen fast alle Umlandgemeinden wachsende Zuzugsraten, gleichzeitig steigen die Zahlen der nach Freiburg Einpendelnden stark an (Mössner et al. 2018).

Dass insbesondere die Stadt Bad Krozingen, nur wenige Kilometer südlich von Freiburg gelegen, von diesem Zuzug profitiert, liegt nicht zuletzt daran, dass die Stadt in den vergangenen Jahren vermehrt Bauland ausgewiesen und für diese Zielgruppe erschlossen hat. Beide Märkte – Freiburgs Wohnungsmarkt mit Deutschlands strengsten Energiestandards und der Wohnungsmarkt im suburbanen Umland – stehen dabei keinesfalls kompetitiv zueinander, vielmehr ermöglichen sie sich erst gegenseitig. Auf eine Anfrage für ein wissenschaftliches Interview über die Nachhaltigkeitsagenda der Gemeinde Bad Krozingen antwortete der dortige Bürgermeister, für Fragen zur Nachhaltigkeit stünde er nicht zur Verfügung, wir sollten uns hierfür an die Stadt Freiburg halten. Bad Krozingen steht für Wachstum und Prosperität in traditionellem Sinne, also der Ausweisung von neuen Siedlungsgebieten, die Stadt Freiburg hingegen für Wachstum und Prosperität durch nachhaltige Entwicklung (Mössner und Miller 2015).

Die empirische Untersuchung zur Regionalität der Nachhaltigkeitsagenda Freiburgs verdeutlicht, wie stark traditionelle Wachstumsagenden und Nachhaltigkeit aufeinander bezogen und miteinander verknüpft sind. Die Grüne Stadt braucht ihr Umland, in dem weiterhin der Traum einer autogerechten und quadratmeterorientierten Welt gelebt werden kann und damit traditionelles Wachstum als *Counter-Sustainability* (Mössner et al. 2018) ermöglicht. Mit Blick auf die international gelobten Errungenschaften der *Green City* braucht das Umland die Grüne Stadt zur Legitimation und Verschleierung ihrer anachronistischen Entwicklung. Wenige Kilometer außerhalb der Zentren jener Städte, die in der wissenschaftlichen Literatur so überhöht und romantisierend als *Green Cities* und *best practices* bezeichnet werden – wir denken etwa an Kopenhagen, Amsterdam, Vancouver, Freiburg oder Münster – findet sich oftmals kaum noch Anzeichen der in den Städten experimentierten, innovativen energiepolitischen und vermeintlich klimafreundlichen Maßnahmen, die diese Städte für ihre Bewerbungen auf nationale und internationale Nachhaltigkeitspreise qualifizieren. Die von Blühdorn und Dannemann besprochene Politik der Nicht-

Nachhaltigkeit inkorporiert nicht nur thematisch-selektiv Ansätze der Nachhaltigkeit (Elektromobilität, Plastikvermeidung etc.), sondern verbindet sie räumlich. Das Ergebnis sind heterogene Geographien der Politik der Nicht-Nachhaltigkeit und Nachhaltigkeit die mit den Worten Mike Racos (2005), nur „ostensibly very different interpretations of contemporary development" (S. 324) sind.

2. Best practice-Forschung

In einem seiner letzten Interviews für den Guardian zu seinem Buch „Good Cities, Better Lives: How Europe Discovered the Lost Art of Urbanism" (Hall 2013) beschreibt Sir Peter Hall, vielfach ausgezeichneter britischer Stadtplaner, die erfolgreichen Errungenschaften europäischer *Green Cities*. Am Beispiel Freiburgs erläutert er: „[t]hey have created good jobs, built superb housing in fine natural settings and generated rich urban lives. But not only that: simultaneously these cities have become models of sustainable urban life, minimizing energy needs, recycling waste and reducing emissions" (Rogers 2014).

Peter Hall reiht sich damit in ein buntes Orchester an Stimmen ein, die der Stadt Freiburg vielfache Erfolge einer nachhaltigen Entwicklung bestätigen, ohne diese in ihren Veröffentlichungen genauer zu erklären. Auch in anderen Veröffentlichungen wird – stets mit Bezug zu den Vorzeigestadtteilen Vauban und Rieselfeld – der Stadt Freiburg als Modell, Vorzeigebeispiel oder *best practice* gehuldigt. In seinem Buch „Leading the Inclusive City" beschreibt Hambleton (2015) Freiburg als „world leader when it comes to responding to climate change" (S. 228). Es bleibt allerdings unklar, woraus Hambleton seine (empirische) Erkenntnis gewinnt. Bezogen auf Governance-Prozesse in der Stadt konstatiert es, dass Politiker*innen, Planer*innen und Einwohner*innen in einem „highly constructive participation process" zusammengeführt würden und dies Teil der Erfolgsstrategie der Stadt sei. Es findet sich im Buch aber keine empirische Analyse der partizipativen Prozesse der Stadt. Der Ursprung dieser Einschätzungen und Überzeugungen, die die Autor*innen dazu veranlassen, Freiburg grundsätzlich in positivem Lichte zu beschreiben, wird bei Lektüre einer anderen Publikation deutlich. In ihrem Buch „Emerald Cities" (Fitzgerald 2010) beginnt die Autorin recht transparent und offen zu erläutern, dass ihre Eindrücke vor allem während eines Rundgangs mit oben genanntem Leiter des Stadtplanungsamtes entstanden, der auch für die zuvor genannten Veröffentlichungen von Hall und Hambleton eine zentrale Informationsquelle war. Ein ähnlicher Bezug wird auch in den vorgenannten Veröffentlichungen deutlich. Peter Hall unterhielt persönliche Beziehungen zum früheren Leiter des Stadtplanungsamtes der Stadt Freiburg, der selbst häufig Wissenschaftler*innen, die die Stadt für wenige Stunden besuchten, um über sie zu schreiben, als Experte zur Verfügung stand.

Das Buch ‚Emerald Cities' erzählt sodann die Erfolgsgeschichte Freiburgs am exklusiven Beispiel des Stadtteils Vauban, das plötzlich „autofrei" wird (tatsächlich ist es nur verkehrlich beruhigt und bis auf einen sehr kleinen Teil keinesfalls autofrei). Dann wird auf eine blühende Wirtschaft mit „guten Arbeitsplätzen" verwiesen. Etwa zur gleichen Zeit der Veröffentlichung des Buches wurde in der lokalen Presse diskutiert, dass das durchschnittliche Freiburger Haushaltsnettoeinkommen zu den niedrigsten des Bundeslandes zählt (Füßler 2009; Siebold 2011), was seinen Ursprung darin hat, dass die Universität zum größten Arbeitgeber in der Region zählt. In diesen Erzählungen wird die Stadt Freiburg so sehr aus ihrem räumlichen Kontext entbettet, dass in Fitzgeralds Buch sogar das Ruhrtal mit dem Rheintal verwechselt wird und Freiburg sich plötzlich im altindustriellen Zentrum Deutschlands wiederfindet (Fitzgerald 2010, S. 1). Die starke Komplexitätsreduzierung in derartigen und zahlreichen Veröffentlichungen wird besonders problematisch, wenn unbegründet und ohne wissenschaftliche Grundlage Aussagen über soziale Prozesse wie soziale Gerechtigkeit und Gleichheit getroffen werden. Skurril sind sie vor allem, wenn von einem kostenlosen Straßenbahntransport erzählt wird und der Autor ganz offensichtlich entweder das Ticketsystem nicht verstand oder schlicht ohne ein Ticket den ÖPNV benutzte (Newman et al. 2009).

Nicht nur hat sich die sozialwissenschaftliche Nachhaltigkeits- und Transformationsforschung, wie Blühdorn und Dannemann schreiben, in einer „Art Endlosschleife verfangen" (Blühdorn und Dannemann in diesem Band, S. 114), in der die Themen früherer Diskussionen und Ansätze in neuer Verpackung aufgegriffen und erneut diskutiert werden. Viel schlimmer noch, finde sich immer mehr Literatur, die offensichtlich schnell und ohne tiefgreifende empirische Untersuchung die Politik der Nicht-Nachhaltigkeit mit wissenschaftlichem Zeugnis legitimiert und stützt und sich zum unkritischen Sprachrohr für Planung und Politik macht. Blühdorn und Dannemann fordern zu Recht eine kritisch-reflexive Wissenschaft, die sich nicht nur „gründlicher mit den sich tatsächlich vollziehenden Transformationen" befasst, sondern auch „berücsichtig[t], dass sie bei [der] Konstruktion, Politisierung und Depolitisierung selbst ein zentraler Akteur ist" (ebd., S. 128). Die von Blühdorn und Dannemann angesprochene Komplizenschaft zwischen sozialwissenschaftlicher Nachhaltigkeitsforschung und der Politik der Nicht-Nachhaltigkeit, wenngleich nicht explizit und intentional, ist evident und hat ihren Ursprung auch in einem neoliberalisierten Wissenschaftssystem, in dem schnelle Veröffentlichungen entlang von Modethemen erfolgversprechend sind, gleichzeitig finanzielle Mittel und die Befreiung von administrativen Aufgaben in der Forschung zugunsten längerfristiger empirischer Aufenthalte nicht zur Verfügung gestellt werden.

3. Fazit

Im Zentrum der von den Autoren kritisierten „Politik der Nicht-Nachhaltigkeit" steht die „governance of unsustainability" (Blühdorn 2013), an deren Umsetzung unterschiedliche gesellschaftliche Akteure und Kräfte beteiligt sind. Mit ihr wird eine selektive Vorstellung von Transformation umgesetzt, in der die individuelle Freiheit, traditionellen Werte und einstudierten Lebensstile „unter keinen Umständen zur Diskussion" stehen (Blühdorn 2018, o.S.). Politik, Praxis, Wissenschaft und Wirtschaft artikulieren vermeintlich kohärente Versprechungen und Hoffnungen einer nachhaltigen Entwicklung, über die auch widersprüchliche Inhalte legitimiert und bestehende Wachstumspfade stabilisiert werden können (Blühdorn 2013). Mit Rückgriff auf gesellschaftliche Bedrohungen, konsensuale Schließungen und begriffliche Unschärfe werden wachstumskonforme und machtstabilisierende Vorstellungen von Nachhaltigkeit hegemonial gesetzt, eine politische Aushandlung wird dadurch unmöglich. Swyngedouw (2013) nennt dies die „non-political politics" und beschreibt damit „an environment in which a postpolitical consensual policy arrangement has increasingly reduced the ‚political' to ‚policing', to ‚policymaking', to managerial consensual governing" (Swyngedouw 2009, S. 605).

Mit Blick auf die Planung wird deutlich, dass Nachhaltigkeit das derzeit dominierende Planungsnarrativ (Gunder und Hillier 2009, S. 2) ist und dabei die Bedeutung des Begriffs ein „everything and nothing [...], all things to all people" (ebd., S. 1) bedeuten kann. Aus diskurstheoretischer Perspektive argumentiert Mark Davidson (2010), dass das ‚Alles und Nichts' an Bedeutungen durchaus keiner Willkür oder gar Zufall unterliegt, sondern die jeweilige inhaltliche Setzung des Nachhaltigkeitsbegriffes Ausdruck hegemonialer Macht(verhältnisse) darstellt.

Die von Blühdorn und Dannemann vorgelegte Analyse postpolitischer Verhältnisse der Transformation ist wichtig und vermag die gesellschaftliche Diskussion in eine richtige Richtung zu lenken. Offen lassen die Autoren aber, wie zuletzt eine Re-Politisierung, also die Befreiung aus der polizeilichen Ordnung, tatsächlich vollzogen werden kann. Margit Mayer

(2013) hat auf die Bedeutung urbaner sozialer Bewegungen verwiesen. Es wäre allerdings fatal, würden wir die Verantwortung allein auf Bewegungen wie zuletzt „Fridays for Future" abwälzen. Hier wären andere Verantwortungen zu nennen.

Literatur

Béal, Vincent. 2012. „Urban governance, sustainability and environmental movements: post-democracy in French and British cities". *European Urban and Regional Studies* 19 (4): 404-419.

Blühdorn, Ingolfur. 2013. „The governance of unsustainability: ecology and democracy after the post-democratic turn". *Environmental Politics* 22 (1): 16-36.

Blühdorn, Ingolfur. 2018. „Nicht-Nachhaltigkeit auf der Suche nach einer politischen Form. Konturen der demokratischen Postwachstumsgesellschaft". *Berliner Journal für Soziologie* 28 (1-2): 151-180.

Davidson, Mark. 2010. „Sustainability as ideological praxis: The acting out of planning's master-signifier". *City* 14 (4): 390-405.

Fitzgerald, Joan. 2010. *Emerald Cities.* Oxford: Oxford University Press.

Füßler, Claudia. 2009. „Das Problem: niedrige Einkommen". *Badische Zeitung* 15.01.2009.

Gunder, Michael, und Jean Hillier. 2009. *Planning in Ten Words or Less. A Lacanian Entanglement with Spatial Planning.* London: Routledge.

Hall, Peter. 2013. *Good cities, better lives: how Europe discovered the lost art of urbanism.* London: Routledge.

Hambleton, Robin. 2014. *Leading the inclusive city.* Bristol: Policy Press.

Krueger, Rob, und David Gibbs. 2007. *The Sustainable Development Paradox.* New York: Guilford Press.

Macleod, Gordon. 2011. „Urban Politics Reconsidered: Growth Machine to Post-democratic City?". *Urban Studies* 48 (12): 2629-2660.

Mayer, Margit. 2013. „Urbane soziale Bewegungen in der neoliberalisierenden Stadt". *suburban - Zeitschrift für kritische Stadtforschung* 1 (1): 155-168.

Mössner, Samuel, und Byron Miller. 2015. „Sustainability in One Place? Dilemmas of Sustainability Governance in the Freiburg Metropolitan Region". *Regions Magazin* 300 (4): 18-20.

Mössner, Samuel; Freytag, Tim, und Byron Miller. 2018. „Die Grenzen der Green City. Die Stadt Freiburg und ihr Umland auf dem Weg zu einer nachhaltigen Entwicklung?". *Planung neu denken - PND* 2/2018: 1-8.

Mössner, Samuel. 2015. „Urban development in Freiburg, Germany – sustainable and neoliberal?". *Die Erde* 146 (2-3): 189-193.

Newman, Peter; Beatley, Timothy, und Heather Boyer. 2009. *Resilient cities: responding to peak oil and climate change.* Washington DC: Island Press.

Raco, Mike. 2005. „Sustainable Development, Rolled-out Neoliberalism and Sustainable Communities". *Antipode* 37 (2): 324-347.

Röderer, Joachim. 2017. „Freiburg verliert immer mehr Familien ans Umland". *Badische Zeitung* 10.02.2017.

Rogers, Ben. 2014. „UK planning expert: there is something wrong with Britain". *The Guardian* 17.01.2014.

Roseland, Mark. 1997. „Dimensions of the eco-city". *Cities* 14 (4): 197-202.

Siebold, Heinz. 2011. „Stadtentwicklung: Grüner, attraktiver und noch teurer?". *Badische Zeitung* 18.04.2011.

Swyngedouw, Erik. 2007. „Impossible ,Sustainability' and the Postpolitical Condition". In Gibbs, David, und Ron Krueger (Hrsg.). *The Sustainable Development Paradox*. New York: Guilford Press, 13-40.

Swyngedouw, Erik. 2009. „The Antinomies of the Postpolitical City: In Search of a Democratic Politics of Environmental Production". *International Journal of Urban and Regional Research* 33 (3): 601-620.

Swyngedouw, Erik. 2013. „The Non-political Politics of Climate Change". *ACME* 12 (1): 1-8.

Uekötter, Frank. 2014. *The Greenest Nation?* Cambridge: MIT Press.

Zeit

Vor uns die Sintflut:
Zeit als kritischer Faktor nachhaltiger Entwicklung

Jürgen P. Rinderspacher

1. Einleitung

Zeit als kritischer Faktor – das weckt die Assoziation an die vielzitierte Metapher, der zufolge es, was den Zustand der Welt betrifft, fünf vor zwölf sei. Und sofort fallen einem zahllose Beispiele dafür ein, etwa dass noch die heutigen Generationen eine „Heiß-Zeit" zu erwarten hätten. Die Zerstörung der natürlichen Lebensgrundlagen schreitet, daran scheint kein Zweifel zu bestehen, schneller voran, als die Politik reagieren kann. Dies nicht zuletzt deshalb, weil die Egoismen der Industrieländer, aber auch die Entwicklungshemmnisse innerhalb der Länder des globalen Südens sich offensichtlich nicht so einfach beseitigen lassen. Viel Zeit benötigen auch die deliberativen Prozesse zwischen unterschiedlichen Betroffenengruppen umweltpolitischer Maßnahmen im eigenen Land. Gleichzeitig setzt die im Umweltdiskurs gepflegte Fünf-vor-zwölf-Metaphorik Politik, Wissenschaft und mediale Öffentlichkeit gewaltig unter Druck.

Die Frage nach kritischen Zeitfaktoren geht aber tiefer. Sehr vereinfacht gesagt ist das kapitalistische Wirtschaftssystem als solches bzw. dessen endogene Logik der radikalen Zeitbewirtschaftung (Stalk und Hout 1990; Rinderspacher 1985; auch Streeck 2013) und der „schöpferischen Zerstörung" (Frambach et al. 2019) ein kritischer Zeitfaktor, der mit der zyklischen Logik der Natur in ständigem Widerstreit steht (Held und Geißler 1993; Reheis 2019). Seit langem bekannt und viel kritisiert ist die ambivalente Rolle, die „die Zukunft" sowohl für die Entstehung als auch die Bewältigung einer umweltzerstörenden, „imperialen Lebensweise" (Brand und Wissen 2017) spielt: Sie dient einerseits als zeitliche Müllhalde, auf der sich die nicht gelösten Probleme der Gegenwart ohne großes Aufsehen entsorgen lassen, umgekehrt aber auch als Projektionsfläche der Hoffnungen auf die großen Lösungen durch den ökologisch-technischen Fortschritt und als der imaginierter Ort, an dem das Leben dereinst einmal besser sein könnte. Und da ist schließlich die entscheidende Frage an die Zukunft, inwieweit und wodurch kommende Generationen vom Fehlverhalten der Menschen und den Fehlentscheidungen der Politik heute betroffen sein werden.

Im Folgenden möchte ich einige Hinweise auf unterschiedliche Zeitbezüge mit Blick auf eine Politik der nachhaltigen Entwicklung geben, freilich ohne damit im begrenzten Rahmen dieses Beitrags deren gesamten Umfang behandeln zu können.

2. *Vor uns die Sintflut: Fünf vor zwölf und andere Narrative*

Die nicht nur in populärwissenschaftlichen Publikationen hundertfach verwendete Metapher „Fünf vor zwölf", als Weckruf gedacht, gehört seit Beginn der Umweltdebatte in den 1970er Jahren zum festen Inventar der Argumentationsfiguren (Randers 2016). Dieser Tradition folgt in neuerer Zeit auch der Wissenschaftliche Beirat der Bundesregierung Globale Umweltveränderungen. Unter der Überschrift einer „zeit-gerechten Klimapolitik" formuliert er die Erwartung, dass ein in mehreren Hinsichten adäquater Umgang mit dem Faktor Zeit einen wesentlichen Beitrag zur Abwendung, mindestens zur Abschwächung der Klimakatastrophe leisten könne und entfaltet in seinem Gutachten den Ansatz einer „zeitgerechten Transformation" (WBGU 2018, S. 6). Dabei unterscheidet er zwischen einem klimaphysikalischen und einem sozialpsychologischen Wendepunkt, die aber beide miteinander zusammenhingen: „Klimaphysikalisch kann die Erderwärmung nur dann ‚deutlich unterhalb von 2 Grad Celsius' eingegrenzt werden, wenn die Weltwirtschaft zur Mitte des Jahrhunderts nahezu vollständig dekarbonisiert ist. Sozialpsychologisch kann dies jedoch nur gelingen, wenn die globalen CO_2-Emissionen etwa im Jahr 2020 ihren Scheitelpunkt erreichen. Sollte dieser Zeitpunkt verpasst werden, dann bedarf es später so tiefgreifender Transformationsprozesse, die man dann den meisten Teilen der Weltgesellschaft schwerlich zumuten könnte" (ebd., S. 5).

Bezüge zur Zeit sieht der Beirat unter anderem in der nur noch geringen Frist bis zum Erreichen des kritischen Punktes und weiterhin, in Verbindung damit, in der Verantwortung für zukünftige Generationen, die die Folgen heutiger Versäumnisse zu tragen hätten. Darüber hinaus besteht aber auch ein wichtiger Bezug zum Zeitmodus Vergangenheit, nämlich bezüglich der Frage nach den Verursachern und damit den Schuldigen für die heutige Situation (hierzu auch Köhne 2017). Die heute starken Industrienationen hätten von Beginn der Industrialisierung an die Atmosphäre unreflektiert als „kostenlose Deponie" für ihre Schadstoffemissionen genutzt (S. 6) und damit die (Um-)Welt mit einer schweren Hypothek belastetet. Eine der Schlussfolgerungen der Studie lautet, dass sich „alles um die „Rechtzeitigkeit drehe." Der „Anspruch auf Zeitgerechtigkeit" könne nur realisiert werden und eine Lösung des Klimaproblems nur gelingen, wenn „die Diktatur des Jetzt nicht wieder obsiegt" (S. 5).

Die Zeithorizonte, die zur Lösung von Umweltproblemen von Gutachter-Gremien empfohlen und von der Politik propagiert werden, sind bekanntlich Konstrukte, die im öffentlichen Diskurs erzeugt werden und dort zu mehr oder weniger Geltung gelangen. Sie werden in der einen oder anderen Form zur Leitlinie politischen Handelns. In seinem Beitrag zum Zusammenhang von Zeit und Politik im Kontext des „argumentativ turn" weist Portschy (2015) auf die besondere Bedeutung großer Narrative hin, indem sie den Rahmen nicht nur für die Lösung von Problemen, sondern nicht weniger auch den für ihre Formulierung und das Framing bieten, innerhalb dessen sich Debatten in der politischen Öffentlichkeit und im Gefolge hiervon auch in den Wissenschaften bewegen, aber auch umgekehrt.

Wie Blumenberg (1997) in seiner Metaphorologie gezeigt hat, sind Metaphern obwohl nicht wissenschaftlich beweisbar, so doch als eine spezifische Form menschlichen Wissens für den Verlauf geschichtlicher Prozesse von größter Bedeutung. „Fünf-vor-zwölf" als Topos beschwört die Knappheit der Zeit zunächst im klassischen ökonomischen Sinn, dass nämlich zum Gegensteuern durch private oder öffentliche Akteure voraussichtlich weit mehr Zeit benötigt wird, als hierzu noch verfügbar ist. Zugleich enthält die Metapher durch den Bezug auf das Symbol der Uhr – zumindest im Denk- und Deutungssystem hoch entwickelter Gesellschaften – etwas Totales, indem sie eine unverhandelbare Deadline postuliert: Rettet das Klima jetzt! Zahariadis (2015) hat sich mit der Wirkung beschäftigt, die Deadlines als zeitliche Markierungspunkte auf die Akteure ausüben. „Deadlines are not value neutral" und sie sind „ambigious stimuli" (S. 113). Sie haben eine strukturierende Wirkung auf die Definition eines Problems ebenso wie auf dessen zeitliche Strukturierung. „Who impose the deadline is as important as its duration (…) when policy goals are unclear, deadlines serve as attention cues filtering what is important…" (S. 114). Fest gesetzte zeitliche Grenzen steigerten die Effizienz politischer Entscheidungen, „while long term horizons lead to policies, that favour the status quo" (S. 127). Deadlines seien deshalb ebenso wirksam wie aber auch legitimationsbedürftig. Hierbei würden Narrative und im Gedächtnis eines Kollektivs verankerte Bilder, Erfahrungen und Lösungsmuster helfen (Portschy 2015, S. 104).

Legitimations- und Aufmerksamkeitscharakter hat seit der Aufklärung in westlichen Gesellschaften vor allem dasjenige Wissen, das nach den Regeln des neuzeitlichen Wissenschaftsverständnisses generiert wird. Eben dieses aber wird im Zuge populistischer Bewegungen zunehmend in Frage gestellt und durch religiöse oder gar volksbräuchliche Formen von Gewissheiten substituiert, wie in den USA im Fall der dort weit verbreiteten Weltanschauung des Kreationismus. Hier findet ein tiefgreifender hermeneutischer turn statt, der auch Begründung, Legitimität und Akzeptanz Großer Erzählungen (vgl. Lyotard 2009) und der darin enthaltenen Deadlines tangiert.

Auffällig ist eine große strukturelle Ähnlichkeit der Fünf-vor-zwölf-Metapher mit religiösen Großen Erzählungen des jüdisch-christlichen Kulturkreises. Diese sind für die Situation heute nicht nur auf Grund der weltweiten Expansion der Religiosität von Bedeutung, sondern kommen auch dem wachsenden Interesse großer Teile der Weltbevölkerung nach überzeitlich-wahren Erklärungsmustern bei kollektiven Bedrohungslagen entgegen. Darüber hinaus sind sie im kulturellen Gedächtnis (Assmann 2006) der hoch entwickelten Industrienationen als weithin säkularisiertes Interpretament abrufbar. In diesem Kontext ist vor allem die Große Erzählung von der Sintflut zu nennen (Sandler 2002). Die Sintflut ist eng an die theologische Figur eines Sündenfalls gekoppelt, eine Art Kollektivschuld und eine daraus resultierende Bestrafung mit dem Untergang – hier bezogen auf die (den biblischen Autoren seinerzeit bekannte) Welt als Ganze.

Anders als in vielen anderen alttestamentlichen Erzählungen, in denen Untergang und Bestrafung eine Rolle spielen, besteht diesmal zwischen Gott und dem jeweiligen Propheten bzw. Führer des Volkes Israel kein Verhandlungsspielraum für eine mögliche Abwendung des Unheils durch Buße und Umkehr, so wie etwa in der Geschichte von Jona, die mit der Rettung der Stadt Ninive endet. In der Erzählung von der Arche Noah soll nach dem Willen Gottes nur eine bestimmte, sehr kleine Population gerettet werden, um am Tag nach der Katastrophe den Grundstock für einen Neustart der Welt zu bilden. Dieses Grundmuster eines möglichen Neustarts der Welt hat seitdem in zahlreichen säkularisierten Weltanschauungen ihren Niederschlag gefunden (Fischer 1999). Mit der Schuldfrage bzw. der nach den Verursacher*innen der Katastrophe und dem für die Noah-Erzählung so charakteristischen Motiv der Rettung der wenigen Auserwählten in enger Verbindung steht die Frage, wer diese denn sein sollten und wie sich deren Auswahl begründet.

Freilich weist die Arche Noah eine höchst problematische strategische Option für den Umgang mit der modernen Klimakatastrophe auf. Denn eine mögliche Reaktionsweise kann, die unvermeidliche Katastrophe vor Augen, in Fehlinterpretation des biblischen Erbes auch darin bestehen, nicht das Ganze retten, sondern lediglich „das eigene" Überleben sichern zu wollen: Bezogen auf große Kollektive folgt daraus die Notwendigkeit einer Selektion derjenigen, die zum Eigenen zu rechnen und damit zur Rettung vorgesehen sind, einschließlich einer diese Auswahl begründenden Rechtfertigungsideologie. Im konkreten Fall muss die politische Führung eines Landes hierzu genügend Zustimmung zu zwei weiteren Narrativen finden: Erstens dass die Menschheit und hierin insbesondere die eigene Bevölkerung keinen Anteil an der Veränderung des Weltklimas habe und zweitens dem eigenen Land bzw. der eigenen Kultur/Zivilisation gegenüber anderen Völkern der Welt eine solitäre Stellung zukomme. Die Begründung einer besonderen Stellung in der Völkergemeinschaft, die eine solche Strategie vermeintlich legitimiert, kann eine Form einer religiös begründeten Erwähltheit sein, ebenso wie sie aber auch auf einem faschistoiden, völkischen Egoismus beruhen oder in nichts anderem begründet sein kann als in ökonomischer, politischer und/oder militärischer Überlegenheit.

Hierdurch wird, ungeachtet der ethischen Qualität derartiger Bewältigungsstrategien, die so agierende Gesellschaft vom Druck der großen Katastrophe entlastet. Tatsächlich scheinen wirkmächtige Institutionen und die von ihnen gesponserten Wissenschaftler im Verbund mit der politischen Führung bestimmter Staaten zunehmend in der Lage, einen elitären Teil der Weltbevölkerung auf die Seite einer Arche-Strategie zu ziehen. Und damit weg von einem in die Fünf-vor-zwölf-Dramaturgie eingewobenen politischen Aktionsplan zur möglichen Verhinderung der Katastrophe für alle Erdenbewohner, der einen zeitlichen Spannungsbogen zwischen der Gegenwart heute und einem fernen Tag X beinhaltet. Für die Gesamtheit der Menschheit ist dieser freilich ohnehin imaginär, weil die Klimakatastrophe bezogen auf den Globus als ein mehr oder weniger sichtbarer, lang anhaltender Prozess und nicht als ein sich überall gleichzeitig vollziehender Weltenbrand vorzustellen ist. Anders jedoch für vom Klimawandel regional besonders betroffene Populationen, die durch den Anstieg des Meeresspiegels ganz buchstäblich dem Untergang geweiht sind.

Zunehmend zu einem Hindernis einer Politik der Nachhaltigkeit und damit gleichzeitig zu einem zeitlichen Hindernis wird also *erstens*, dass aufgrund jener Ideologie, die den Klimawandel und damit den zuvor als notwendig erkannten politischen Handlungsbedarf leugnet, die Deadline aufgelöst wird, die den Zeitdruck für das politische Handeln erzeugen kann. Aus der gleichen Richtung kommt *zweitens* die Aufweichung der ethischen Konsequenzen einer Anerkennung oder Nicht-Anerkennung der Urheberschaft der Katastrophe. Diese Zusammenhänge hat in jüngerer Zeit Bruno Latour (2018) thematisiert. In seinem „Terristischen Manifest" weist er sinngemäß darauf hin, dass es eine gefährliche Selbsttäuschung der Gut-

willigen und Engagierten sein könne, bei der Betrachtung der gegenwärtigen Weltlage unreflektiert mit einem undifferenzierten „Wir" zu operieren
und die Welt aus der Sattelitenperspektive als eine (fiktive) soziale Einheit
bzw. eine Form von Gemeinschaft zu beschreiben (hierzu auch Holziger
2018). Ausgehend von einem wenn auch oft nur formal geltenden Gleich-
heitsgrundsatz, wie er den Menschrechten zugrunde liege, ginge es in dieser Sichtweise stets darum, die Bewohner der Erde, heutige ebenso wie
künftige, als Schicksalsgemeinschaft zu konstruieren, mit gleichen Partizi-
pationsrechten am Reichtum der Erde und mit gleichen Rechten bezüglich der individuellen Entfaltungsmöglichkeiten. Diese Selbstverständlichkeit des Sattelitenblicks sei jedoch, auch wenn dieser geltenden ethischen
Standards entspreche, spätestens in Frage gestellt, seit die US-amerikanische Politik eine Strategie des „America First" propagiere, der inzwischen
andere rechtspopulistische Regierungen gefolgt seien.

Latour vermutet, dass ein systematischer Zusammenhang zwischen der
Leugnung des menschengemachten Anteils der Klimakatastrophe durch
US-amerikanische Wissenschaftler bestimmter Provenienz auf der einen
Seite und einer Strategie des bewussten Nicht-Übernehmen-wollens der
Verantwortung für deren Folgen auf der anderen bestehe. Dabei sind Einschätzungen der zukünftigen Entwicklungen entscheidend: Geht man von
der Hypothese aus, dass die Klimakatastrophe ohnehin nicht mehr abzuwenden, höchstens noch abzuschwächen und in ihren Auswirkungen auf
die eigene Bevölkerung weitest möglich einzugrenzen sei, wird der Zeitpunkt der Krise, die ja schon längst begonnen hat, sekundär. In den Mittelpunkt rückt stattdessen die Suche nach politischen Instrumenten, die,
nach dem Muster eines Verschiebebahnhofs, die Folgen der Umweltzerstö-
rungen von der sachlichen Dimension (was wird zerstört?) in die zeitliche
(wann wird zerstört?) und in die soziale (wer wird zerstört?) verlagert: So
betrachtet lautet die Frage, auf welche sozialen Entitäten die Folgen der
Katastrophe zu überwälzen seien und, um im Bilde zu bleiben, mit welcher Legitimation wem der Zutritt zur Arche gewährt werden solle und
wem nicht.

Zugleich gilt es in dieser Logik, das heißt für diejenigen Länder, die die
Arche-Strategie verfolgen, im Konkurrenzkampf mit anderen Zeit zu gewinnen, um angesichts des vermeintlich Unabwendbaren die eigenen Interessen, etwa die Sicherung seltener Bodenschätze, konfliktfreier organisieren zu können: Im Kontext einer solchen internationalen Exklusions-
strategie macht es dann Sinn, jede Fünf-vor-zwölf-Semantik zu vermeiden
und die Vorboten der Katastrophe als Naturereignisse herunterzuspielen,
für die weder eine Verantwortung des Menschen bestehe noch, daraus fol-

gend, eine Verpflichtung für eine Übernahme der Kosten, die etwa aus der Unbewohnbarkeit angestammter Lebensräume auf der Erde resultieren.

Der verbreiteten Annahme, alle Erdenbewohner seien ja irgendwie von der Klimakatastrophe betroffen und niemand könne sich deren Folgen entziehen, ist entgegenzuhalten, dass es zwischen ungemütlichen Wetterereignissen mit relativ wenigen Opfern im einen Teil der Welt, denen zum Teil mit angepassten Technologien begegnen kann auf der einen Seite und der Zerstörung der Existenzgrundlagen ganzer Völker mit der Folge des Migrationszwangs ein qualitativer Unterschied der Betroffenheit besteht, der qualitativ unterschiedliche politische Optionen im Umgang mit Bedrohungslagen zur Folge hat. Somit sind auch die qualitativen Unterschiede zu berücksichtigen, die in jeder Fünf-vor-zwölf-Metaphorik enthalten sind.

3. Zwischen Push & Pull: Der kritische Blick nach vorn

Was den gegenwärtigen Zustand der Welt betrifft scheint sich, neben dem Zukunftsoptimismus auf den Freitagsdemonstrationen der Schüler*innen in aller Welt, in Fachkreisen zunehmend ein eher skeptischer Tonfall auszubreiten. Opitz und Tellmann (2015) stellen in ihrer Untersuchung über die Auswirkungen von Zukunftsbildern auf die gesellschaftlichen Teilsysteme Wirtschaft und Recht fest: „Our temporal frames of the future have shifted towards an ‚emergency imaginary'. It depicts the future in terms of sudden, unpredictable and short-term phenomena" (S. 107). Sie kommen zu dem Ergebnis, dass das System Wirtschaft auf katastrophale Ereignisse mit der Herausbildung neuer ökonomischer Institutionen zu antworten in der Lage ist, die in diesem Sektor weitertragende Perspektiven für die Gestaltung der Zukunft eröffnen, während das eher retrospektiv gerichtete System Recht damit weithin überfordert sei. Der Verlust von Zukunftsperspektiven geht somit in einer in ihrem Kern ganz auf Zukunft ausgerichteten Gesellschaft an die Wurzel ihrer Existenz, wenn auch in unterschiedlichen Teilsystemen in unterschiedlichem Ausmaß. Ebenfalls beschreibt der Modernisierungstheoretiker Zygmut Baumann (2017) in einem seiner letzten Werke „Retrotopia" eine Tendenz zu zukunftskritischen Perspektiven, hin zu an der Vergangenheit orientierten Fernorientierungskonstrukten (hierzu auch Becker et al. 1997).

Was den konkreten nachhaltigkeitspolitischen Bezug angeht, sind widersprüchliche Tendenzen bzgl. der zeitlichen Fernorientierung der Menschen in hoch entwickelten Gesellschaften (Holst et al. 1994) erkennbar: Auf der einen Seite sind deren Mitglieder im Zuge des Wertewandels (Dietz et al. 2013) und einer damit verbundenen hedonistischen Grundorientierung seit Ende der 1980er Jahre zur Maximierung der eigenen Lebenschancen aufgerufen und damit zum sorgsameren Umgang mit ihrer emphatisch als eigene, unwiederbringliche Ressource verstandenen Lebenszeit (Mückenberger 2011) – was zumeist als „die *Gegenwart* zu leben" interpretiert wird, carpe diem! (Geißler 2008). Auch die in dieser Epoche populär gewordene Glücksphilosophie weist in diese Richtung (Schmid 2013).

Auf der anderen Seite werden die Menschen ermahnt, an ihre eigene Zukunft und die ihrer Kinder zu denken, vorzusorgen und sich langfristig zu orientieren. Dies ist zunächst kein Widerspruch zu einer starken Gegenwartspräferenz, als ja die Mittel für ein gutes Leben in einer zukünftigen Gegenwart in einer Leistungsgesellschaft (Distelhorst 2014) in der Regel erst über den Umweg über eine mehr oder weniger starke Zukunftsorientierung erarbeitet werden müssen (Schule, Ausbildung, Karriere etc.). Problematisch wird dies erst, wenn zugleich mit der Aufforderung zur Investition in die eigene Person („der Arbeitskraftunternehmer", hierzu Pongratz und Voss 2003) zumindest für bestimmte Teilgruppen der Gesellschaft schlechte Chancen bestehen, die öffentlich geforderte Zukunftsorientierung auch in der eigenen Lebens-Praxis mit Erfolg umzusetzen zu können. Kritisch dabei ist vor allem, dass ein erheblicher Teil der sozialen und ökonomischen Institutionen, die durch ihre Stabilität und Verlässlichkeit über lange Perioden gleichsam als zeitliche Geländer den Weg des Individuums in eine grundsätzlich ungewisse Zukunft begleitet haben, erheblich an Vertrauen eingebüßt haben: Angefangen von einem Sparkonto, das keine kalkulierbaren Erträge mehr abwirft, über einen Wohnungsmarkt, der eine Wohnungssuche zu fairen Bedingungen oft nicht mehr zulässt bis hin zu der verlorenen Erwartung einer auskömmlichen Altersvorsorge. Hinzu kommt das sinkende Vertrauen in ehemals vertrauenswürdige Organisationen, von der Katholischen Kirche über die Politischen Parteien bis hin zur Volkswagen AG. Die allgemeine Weltlage, die tiefgreifenden Umstrukturierungen der Machtblöcke, Brexit und selbstverständlich die Bedrohung durch eine mehr oder weniger kurz bevorstehende Klimakatastrophe kommen hinzu.

Entsprechend haben einer neueren Befragung der Stiftung für Zukunftsfragen (2017) zufolge die meisten Bundesbürger den Eindruck, „in unsicheren Zeiten zu leben". Und nur ein Viertel glaubt, dass der Klimawandel in Zukunft durch den technischen Fortschritt gestoppt werden könne; gleichzeitig ist die Angst vor konkreten Alltags-Belastungen wie einer „Verdoppelung der Warm-Mieten durch hohe Energiepreise" verbreitet. Trotzdem schätzt eine Mehrheit ihre persönliche Lage als besser ein als die gesellschaftliche bzw. die globale Gesamtsituation. Wenn nun jedoch ungeachtet dieser Verunsicherungen die Menschen im gleichen

Atemzug von Politik, Medien, Verbänden und den Ergebnissen der Wissenschaften dazu aufgerufen sind, in die eigene und die gesellschaftliche Zukunft zu investieren, sei es mit monetären Mitteln oder mit dem Einsatz ihrer persönlichen Lebenszeit – darunter auch in Gestalt von Veränderungen ihrer Lebensweise – entsteht eine kognitive Dissonanz, die das Spektrum umweltpolitischer Optionen erheblich einschränkt.

Wenn es zutrifft, dass der Wandel des gesellschaftlichen Wertegerüsts in Richtung eines stärkeren Ich-Bezuges Einfluss auf die Zeitperspektiven der Menschen hat, tangiert dies auch die Strategien, die zu umweltgerechtem Verhalten führen sollen. Ganz grob hat sich hier die Unterscheidung zwischen Push- und Pull-Strategien eingebürgert, also Strategien, die Druck auf das Verhalten der Menschen ausüben gegenüber solchen, die sie in eine verlockende Zukunft hineinziehen sollen. Darin ist – im Gegensatz zu einer Push-Strategie, die die Individuen ohne dass eine eigene innere Beteiligung notwendig wäre, in eine bestimmte Richtung drückt – ein hohes Maß an Reflexion über das eigene Verhalten, darunter auch über den Umgang mit der eigenen Zeit, vorausgesetzt, vor allem über das Verhältnis von Gegenwart und Zukunft. In einer freiheitlichen Gesellschaft scheint daher fast jede denkbare Pull-Strategie einer Push-Strategie, etwa durch die Bepreisung knapper Umweltgüter oder durch Fahrverbote, wo immer möglich und wirksam vorzuziehen. Allerdings benötigt jede Überzeugungsarbeit, die von Anreizsystemen ausgehen soll, in der Mehrzahl der Fälle mehr Zeit als die Durchsetzung von Verboten, Reglementierungen und Bepreisungen. Das Ergebnis einer solchen Zeit-Investition in Überzeugungsarbeit ist zudem – in sachlicher wie in zeitlicher Hinsicht – leider eher offen. Insofern kann es unter den Bedingungen einer „Fünf-vor-Zwölf-Situation" fallweise geboten sein, Handlungsfreiheit und Selbstbestimmung der Notwendigkeit einer effizienten Klimapolitik – zumindest temporär – unterzuordnen.

Als wichtige Elemente einer Pull-Strategie können zunächst einmal die in neuerer Zeit wieder vermehrt vorgelegten, zumeist populärwissenschaftlich gehaltenen Gesamt-Entwürfe einer nachhaltigen Gesellschaft im Sinne attraktiver, mehr oder weniger konkreter Utopien gelten. Solche finden sich in neuerer Zeit beispielhaft etwa bei Paech (2012), der im Kontext einer fundamentalen Kulturkritik die Hoffnung auf eine gute Zukunft in einer „Befreiung vom Überfluss" sieht. Zentraler Kritikpunkt ist dabei das fehlgeleitete Fortschrittsverständnis der Industriemoderne, dessen Zukunftsperspektive sich in einer maß- und ziellosen Steigerungslogik und einem Wachstumsfetisch erschöpfe, die außer zu einer Entgrenzung des Raumes auch zu einer zeitlichen Entgrenzung des Alltagslebens führten. Wie zahlreiche andere Arbeiten schließt er damit an die weit verbreiteten

Arbeiten vorangegangener Dekaden an, von Joseph Huber (1980) über die „Wuppertalstudie" (BUND und Misereor 1996) bis hin zu Müller und Hennicke (1994), die ebenfalls basierend auf den Prinzipien der Suffizienz und Öko-Effizienz einen künftigen „Wohlstand durch vermeiden" propagiert haben.

Erheblich erschwert werden zeitgenössische Gesamtentwürfe (vgl. etwa Bregman 2017; Adler und Schachtschneider 2017; Welzer 2019) heute im Gegensatz zu den Utopien vorangegangener Jahrhunderte allerdings dadurch, dass sie im Kontext des im Zeitalter der Globalisierung unverzichtbaren egalitären Narrativs von der Einen Welt letztlich zeigen müssen, wie unter der Prämisse drastisch veränderter Verteilungsrelationen zugunsten der Länder des Globalen Südens zugleich eine Verbesserung oder wenigstens Nicht-Verschlechterung der Lebensbedingungen auch im eigenen, „reichen" Land möglich sein soll – ansonsten dürfte der Pull-Faktor bei der überwiegenden Zahl der Adressaten verloren gehen. Tatsächlich sind derlei Beweislasten für das Genre der Utopie historisch relativ neu, denn in traditionellen Entwürfen waren die besseren Welten stets in stationären Gesellschaften mit klar benannten Außengrenzen angesiedelt, etwa auf einer Insel.

In pragmatischer Bescheidenheit beschränkt sich denn auch ein Teil der visionären ökologischen Literatur auf Veränderungen im näheren Umfeld der eigenen Person in Richtung einer optimierten alternativen Lebensweise; das Versprechen auf eine bessere Welt beschränkt sich hier auf Ausschnitte der eigenen, unmittelbaren Lebenswirklichkeit. Gleichwohl erscheinen solche Konzepte geeignet, einzelne Ursachen bestimmter ökologischer Fehlentwicklungen bausteinartig im Hinblick auf die Melioration des Ganzen zu bekämpfen: Der/die Einzelne ist dann aufgefordert, durch sein/ihr Verhalten in der Gegenwart zumindest das zu tun, was einer nachhaltigen Entwicklung und damit einer meliorativen Zukunftsperspektive nicht entgegensteht (induktiver Ansatz).

In der praktischen Politik, zumal in der Umweltpolitik, geht es darum, beide Perspektiven, Gegenwart und Zukunft, füreinander fruchtbar zu machen. Lamping (2015) hat sich dies im Kontext lokaler Klimapolitik vorgenommen, indem er nach Methoden sucht, die Relevanz zukünftiger Klimaentwicklung im Gegenwartsbewusstsein der Individuen und an ihrem räumlichen Lebensmittelpunkt relevant für ihr tägliches Umweltverhalten werden zu lassen. Dazu entwickelt er „Verfahren der Verzeitlichung und Vergegenwärtigung" (S. 174). Hieraus soll eine „Politik der Zuversicht" abgeleitet werden (S. 175). Lamping will darin den Widerspruch zwischen dem Anspruch an lokalem Handeln einerseits und den globalen Verursachungen von Klimaschäden vermitteln (S. 176). Dazu schlägt er vor, die inzwischen gebräuchliche interregionale Perspektive um eine inter-temporale zu ergänzen, nämlich auch die Lebensbedingungen kommender Generationen im eigenen Kalkül zu berücksichtigen. „Beide Nah-Fern-Abstraktionen, das heißt das politische Denken und Handeln in einer vom eigenen Selbst abstrahierenden räumlichen sowie zeitlichen Dimension werden in Deutschland durch eine geografisch bedingte relative (verglichen mit anderen Welt-Regionen) Kaum-Betroffenheit erschwert" (ebd.). Lamping spricht von einer räumlichen und zeitlichen Inkongruenz. Dabei sieht er die zeitliche Inkongruenz vor allem in einem time-lag dergestalt, dass auf der einen Seite rasches Eingreifen gefordert sei, auch was das Verhalten des/der Einzelnen betrifft; auf der anderen Seite wirkten auch diese Maßnahmen, wenn überhaupt, erst in Jahrhunderten. Klimapolitik sei daher auch der Versuch, Einschränkungen in der Gegenwart zugunsten einer (erhofften) besseren Zukunft aufzuerlegen (S. 178). Dazu sollen „Formen reflexiver Temporalität in die lokalen Selbstverständigungsdebatten" eingeführt werden (S. 179). Methodisch schlägt er hier „Erfahrungsrekurse" und „Beobachtungsevidenz" (S. 183) vor, die an praktischen Beispielen erläutert werden.

Einige der auf Bewusstseins- und Verhaltensänderungen im Hier und Heute mit Blick auf eine bessere, nachhaltige Zukunft gerichteten Pull-Konzepte basieren auf der Forderung nach einem alternativen Wohlstandsbegriff (hierzu z.B. Diefenbacher und Habicht-Erenler 1991; Bundestagsfraktion Bündnis 90/Die Grünen 2017). Ebenfalls an einer Kritik des herrschenden Wohlstandsbegriffs und fokussiert auf den gesellschaftlichen und individuellen Umgang mit der Zeit setzt hier das Konzept „Zeitwohlstand" an (Rinderspacher 1985, 2002; Scherhorn 2002; Held 2002; Reisch 1998). So kann man nicht nur die Verfügung über Güter, sondern auch die Verfügung über Zeit als eine Form von Wohlstand verstehen. Das Konzept „Zeitwohlstand", zumindest in der Variante von Rinderspacher (2002), denkt die Zeit, genauer: die arbeitsfreie Zeit der Menschen, als eine Art Industrie-Produkt, das (s)einen Preis hat und als eigener Typ der Wohlfahrtsproduktion behandelt werden muss. Im ökologischen Kontext könnte das – muss aber nicht – den positiven Effekt haben, dass Ressourcenbeanspruchung und Emissionen sinken, weil der Konsum materieller Güter gleichsam durch Zeitkonsum substituiert würde (hierzu auch Reisch und Bietz 2014). Dies wäre allerdings nur dann der Fall sein, sofern hier tatsächlich ein Substitutionsverhältnis bestünde und mehr frei verfügbare Zeit nicht gleichzeitig mit steigendem Güterkonsum einherginge, wofür allerdings einiges spricht (Rinderspacher 2017; Hellmann 2015). Zusätzlich müsste man zeitliche Rebound-Effekte (hierzu Santarius 2015; Buhl 2016; Rinderspacher 1990) durch zeitsparende Technologien berücksichtigen: So, wenn ein staubsaugender Roboter wegen der starken Arbeitsersparnis pro Arbeitsgang häufiger eingesetzt wird und sich hierdurch der Gesamt-Zeitaufwand für die Reinhaltung der Wohnung, nämlich durch mehr Pflege- und Wartungsarbeit für das Gerät, per saldo erhöht.

Zeitwohlstand ist aber nicht nur im Verhältnis Arbeit – Nicht-Arbeit verortet, sondern auch innerhalb der Erwerbsarbeit in Gestalt einer zeitlichen Entdichtung von Arbeitsprozessen. Auch diesbezüglich wird ein Zusammenhang zur Belastung der Umwelt dergestalt postuliert, dass durch mehr selbstbestimmtere Zeit während der Arbeit bzw. im Verlauf eines Arbeitstages (Arbeitstempo, Pausen, Stückzahlen etc.) die Arbeitszufriedenheit wächst und hierdurch wiederum die Konsumneigung der Erwerbstätigen zurückgeht (vermiedene „Frustkäufe"); infolgedessen müsste auch die Ressourcenbeanspruchung sinken (Scherhorn 2000).

Wie weit solche Konzepte, die mehr Wohlstand und ein besseres Leben, ja mehr Lebensglück durch ein Weniger dessen, was im allgemeinen Verständnis derzeit (noch) als Wohlstand gilt, versprechen, verallgemeinerungsfähig sind, bleibt abzuwarten; sie enthalten bekanntlich vielgestaltige Erwartungen an tiefgreifende mentale und praktische Umorientierungen der Menschen in ihren unterschiedlichen gesellschaftlichen Rollen. Das betrifft nicht zuletzt die Geschwindigkeitserwartungen der Menschen in ihrem Alltag: Diese sind ein wesentlicher Bestandteil des vorherrschenden Verständnisses von Wohlstand und gutem Leben, etwa wenn es um den Zeitaufwand für die Überwindung räumlicher Distanzen geht. Diese Erwartungen haben sich – ob richtig oder falsch (Poschardt 2002) – im Verlauf des Modernisierungsprozesses der westlichen Industrienationen herausgebildet und als geltende Standards institutionalisiert und sind daher nicht ohne weiteres und schon gar nicht in kurzer Zeit zurückzudrehen. So sind es die Menschen bei fast allen technischen Neuerungen kommerzieller Anbieter, insbesondere natürlich im Bereich der Digitalmedien, gewohnt, dass sich eine neue Produktgeneration neben anderen Verbesserungen durch vielgestaltige Zeitoptimierungen auszeichnet. Geschwindigkeits- und andere Zeitstandards wie etwa das Ausmaß zeitlicher Kalkulierbarkeit zurückzufahren würde daher von der Mehrzahl der Bevölkerung zunächst als Rückschritt und als mehr oder weniger großer Wohlstandsverlust erfahren werden, dementsprechend nicht als weithin zustimmungsfähiges win-win-Ergebnis und „Befreiung vom Überfluss". Immerhin ließen sich zeitliche Rebound-Effekte wie oben erwähnt argumentativ aufgreifen, die zeigen, dass zeitsparende Technologien in vielen Alltagssituationen per Saldo eher zu einem zeitlichen Mehraufwand führen als zu Zeitersparnis.

Zugleich finden sich durchaus Beispiele dafür, dass Geschwindigkeitsreduzierungen als Gewinn an Lebensqualität erfahren werden: Wenn ein hoher Prozentsatz der Autofahrer für Tempo 130 auf den Autobahnen optiert, werden Zeit-„Verluste" in Kauf genommen, um damit entspannteres Fahren zu ermöglichen, die Umwelt zu schonen und Unfallopfer zu vermeiden. Für eine breitere Akzeptanz vermeintlicher Wohlstands-„Verluste", die im Zuge einer individuellen und kollektiv unterstützten Umwertung nun als Gewinne erfahren werden können, spricht weiterhin die Tendenz zum steigenden Gebrauch des Fahrrades – selbst bei ggf. vergleichsweise höherem Zeitaufwand. Auch die Ausbreitung der Sharing-Ökonomie, die die Nutzbarkeit in der Zeit vor den Besitz von Gebrauchsgütern stellt, weist in diese Richtung. Ebenso sprechen veränderte Arbeitszeitwünsche (Holst und Seifert 2012) für eine Höherbewertung der Verfügbarkeit über Zeit (höhere Zeitpräferenz), die dann gerne für eine Entschleunigung des häufig von Überlastung gekennzeichneten Alltagslebens eingesetzt wird (King et al. 2018).

Allerdings tendiert ein „besserer" Umgang mit der von den Menschen emphatisch als ihre „eigene" verstandenen, knappen (Lebens-)Zeit (Mückenberger 2011) bzw. deren „Optimierung" paradoxerweise zu mehr Rechenhaftigkeit und stark hedonistisch gefärbten Zeitverwendungskalkülen im Alltag. Auch wenn eine „Gesellschaft der Singularitäten" (Reckwitz 2017), in der die Individuen weithin von dem Bedürfnis getrieben sind, sich von ihren Mitmenschen durch vielerlei Andersartigkeiten zu unterscheiden, nicht ohne weiteres mit einer Gesellschaft der Egoismen gleichzusetzen ist (Almendinger 2015), gewinnt mit dem zunehmenden Ich-Bezug doch die Reziprozität des Nutzens, also der Gedanke von Leistung und Gegenleistung sowie von Einsatz und Ertrag als Grundmuster der Interaktionsbeziehungen erheblich an Bedeutung. Mit anderen Worten geht mit der Individualisierung der Zeitverwendung eine zunehmende Rechenhaftigkeit und Reziprozisierung einher und damit eine Ökonomisierung lebensweltlicher Handlungskalküle. Zukunftsgerichtetheit im eigenen Agieren erfolgt dann weitgehend nach dem Muster einer Investition.

Wenn dem so ist, macht es Sinn, rekurrierend auf einen erweiterten Eigennutz, umweltgerechtes Zeitverhalten als *Investition* zu konzipieren: Ich verhalte mich heute umweltgerecht, um, wenn auch nicht unbedingt für mich selbst im Hier und Heute, dann aber vielleicht für *mich selbst später* und darüber hinaus *für andere mir nahestehende Personen in der Zukunft* die Chancen für eine bessere Umwelt zu fördern. Wenn man dieses so postulierte Verhalten auf den Umgang des Individuums mit seiner knappen Lebenszeit anwendet – „was kann ich tun, um meine persönliche Zeitorganisation so zu gestalten, dass die Umwelt möglichst wenig Schaden nimmt, auch wenn ich (zeitliche und sonstige) Unbequemlichkeiten davon zu erwarten habe?" – kann man von einer „Zeitinvestition für die Umwelt" sprechen (Rinderspacher 1996; Seel 1996).

Hierfür lassen sich viele Beispiele finden. So habe ein Individuum die Wahl zwischen zwei Möglichkeiten, von A nach B zu kommen: Die eine, die zwar weniger Zeit beansprucht, hierdurch jedoch die Umwelt stärker als technisch notwendig belastet und die andere, die die Umwelt schont, dafür aber mehr Zeit verbraucht. Hierfür steht unter anderem das klassische Beispiel, dass statt der ggf. zeitökonomischeren Nutzung des eigenen PKW der ggf. mehr Zeit beanspruchende öffentliche Nahverkehr gewählt wird. Optimal wäre natürlich eine zugleich zeiteffiziente *und* umweltverträgliche win-win-Option, die im praktischen Alltag jedoch nach wie vor eher selten die Regel ist. Dieselbe Logik gilt für den bekanntlich sehr energieintensiven Wäschetrockner – mit dem Zeitnutzen kürzerer und kalkulierbarer Trockenzeiten –, der durch die in dieser Hinsicht weniger komfortable, aber umweltfreundlichere Wäscheleine auf dem Balkon ersetzt wird (vgl. ebd.).

4. Hase und Igel: Langsamkeit der Demokratie?

Ein objektives Problem jeder Politik, nicht nur der Umweltpolitik, betrifft die Notwendigkeit, sich an mehr oder weniger exogen gesetzten Zeitskalen ganz unterschiedlicher Art und Ausdehnung orientieren zu müssen. Das Abschmelzen der Polkappen hat ebenso seine, das heißt eine nicht von Menschen unmittelbar beeinflussbare Zeit, wie die Reproduktionszeiten einzelner Tierarten, das Wachstum der Wälder oder die Dauer der Ausbeutbarkeit von Bodenschätzen. Ebenso haben soziale und ökonomische Systeme ihre je spezifischen Eigenzeiten. Adam (1998) spricht in ihrem zeittheoretischen Ansatz in Analogie zu Landschaften von time-scapes, „Zeit(land)schaften", die sich unter anderem durch unterschiedliche Reichweiten zeitlicher Horizonte und Geschwindigkeiten sowie vielgestaltige Rhythmen bzw. Zyklen verschiedener natürlicher und gesellschaftlicher Teilsysteme konstituieren. Jede Politik ist damit ganz grundsätzlich aufgefordert, sich zu den sehr heterogenen Zeitlichkeiten, die konstituierende Elemente unserer näheren Lebenswelt ebenso wie unseres mittelbaren Lebensraumes sind, in der einen oder anderen Weise zu verhalten: Wo die Politik die Zeitlichkeit von Prozessen nicht selbst beeinflussen kann, ist sie wie gesagt gezwungen, sich an diese Vorgaben gleichsam heranzuhängen, will sie ihre Gestaltungsabsichten umsetzen. Die Zeitstrukturen bzw. -horizonte des Politischen werden so mehr oder weniger zur abhängigen Variablen der Zeitskalen und Rhythmen der natürlichen Umwelt. „Fünf vor zwölf" erscheint demzufolge als extern gesetztes Datum, wenngleich der Gesamtprozess der Klimaveränderung als solcher eigentlich auf menschliches Handeln zurückführbar ist, das in diesem Kontext jedoch im Sinne des von Marx eingeführten „Fetischcharakters" der kapitalistischen Ökonomie der Menschheit als nur schwer zu beherrschende „zweite Natur" gegenübertritt.

Dass die Zeit drängt und dass die Zerstörung der Umwelt mit einer allgemeinen Beschleunigungstendenz in unterschiedlichen Teilsystemen der Gesellschaft (Held und Geißler 1993; Rosa 2005; Rinderspacher 1988, 2015, 2018) in Verbindung gebracht wird, bedeutet auf der anderen Seite jedoch nicht, dass Entschleunigung zwingend das universelle Zauberwort nachhaltiger Entwicklung wäre. Ziel muss es vielmehr sein, ein differenziertes Verständnis davon zu gewinnen, in welchen Zeiträumen, an welchen Stellen und mit welcher Begründung erstens Konzepte und Maßnahmen umgesetzt und zweitens, mit dem gleichen Ziel, bestehende Geschwindigkeitsnormen als Ursachen der Umweltzerstörung zurückgefahren bzw. relativiert werden sollten.

Wie schnell muss, wie schnell darf nachhaltige Politik also sein? Weit verbreitet ist die Ansicht, dass die Politik – genauer die Politik der liberalen Demokratien –, nicht nur in Bezug auf Umweltfragen den Problemen hinterherhinke, sondern dass sie auch dem Tempo anderer Teilsysteme, insbesondere der Wirtschaft und hierin vor allem dem Finanzsektor, zeitlich nicht gewachsen sei. Genauer meint dies, dass für staatliches Handeln, das den Erfordernissen einer demokratisch gestalteten Politik genügen will, auf Grund der Komplexität demokratischer Vorgänge und des durch diese bedingten Zeitbedarfs die verfügbare Zeit – durchaus im ökonomischen Sinne – systemisch bedingt immer zu knapp sei. Vor allem Rosa (2005) ist mit einer solchen These hervorgetreten. Merkel und Schäfer (2015) stellen diese These in Frage.

Diese Art der Thematisierung der Zeitmaße von Politik ist zu unterscheiden von „Zeitpolitik" (vgl. Weichert 2011). Erstere betrifft die Dauer, Geschwindigkeit, Zeitpunkte oder generell das Timing politischer Prozesse von politischem Handeln öffentlicher Akteure, wobei der jeweilige politische Gegenstand nachgeordnet ist. Letztere dagegen betrifft primär den spezifischen Gestaltungs-Gegenstand Zeit, nämlich die Zeit der Gesellschaft bzw. alle denkbaren zeitlichen Strukturen in ihr. Gleichwohl lässt sich die Frage danach, wann oder wie schnell ein politischer Prozess vor sich geht, auch auf die Zeit selbst anwenden: Zeit als Gestaltungsgegenstand („zu wenig Zeit für zeitpolitische Gestaltungsaufgaben?). Es geht dann um das optimale Timing der Zeitpolitik.

Drei Grundprobleme treten auf, wenn man im Kontext des ökologischen Diskurses nach der optimalen Geschwindigkeit politischen Handelns fragt, die an dieser Stelle allerdings nur kurz benannt werden können: Erstens ob denn die vermutete zeitliche Diskrepanz zwischen Politik und den Gegenstandsbereichen, die sie regulieren soll, überhaupt besteht, zweitens wie diese Diskrepanz beschaffen ist, und drittens, wie sich das zeitliche Nachhinken bzw. die Asynchronität konkret auswirkt. Dabei geht es vor allem um zeitliche Suboptimalitäten bei der Einwirkung staatlicher Politik auf die drei Bereiche Wirtschaft, Technik und Umwelt.

Merkel und Schäfer (2015) fassen die Position der „Beschleunigungstheoretiker", ihnen voran Rosa, so zusammen: „Hätte die Demokratie Zeit, um sich gründlich mit den komplexer werdenden gesellschaftlichen Fragen und Problemen auseinanderzusetzen, könnte sie unter Umständen ihrem Anspruch gerecht werden, zielgerecht und vernunftgeleitet gesellschaftliche Entwicklungen zu steuern. Doch diese Zeit habe sie nicht, weil sie – getrieben von dynamischen Wandlungsprozessen der sie umgebenden gesellschaftlichen Bereiche – den dynamischeren Entwicklungsprozessen hinterherhecheln müsse, um den Anschein aufrecht zu erhalten, vernünftige Lösungen…bieten zu können" (S. 220). Dabei führe der beschleunigte Wandel in allen Lebensbereichen tendenziell immer weiter dazu, dass diese Kluft größer werde. In dieser so verstandenen Desynchronisierungsthese sei implizit auch enthalten, dass es dereinst eine Epoche gab, in der diese Diskrepanz entweder überhaupt nicht bestanden habe oder wenigstens nicht von größerer Relevanz gewesen sei (ebd.). Zeit werde in der Demokratie in allen grundlegenden Bereichen staatlicher Tätigkeit benötigt, so der Partizipation, der Repräsentation sowie der Entscheidung, und auch Responsivität koste Zeit.

Im Fokus des Interesses steht dabei immer wieder der hohe Zeitverbrauch für demokratische Beteiligungsprozesse; so werden gegenwärtig bereits eine Reihe von Beteiligungs- und Einspruchsverfahren zurückgeschnitten, etwa durch die Kappung von Einspruchsmöglichkeiten gegen gerichtliche Entscheidungen bzw. von Revisionsrechten, nicht nur in umweltrelevanten Bereichen. Das steht freilich in einem Spannungsverhältnis zu dem Anspruch liberal-demokratischer Regime, ein Höchstmaß an sachlich-politischer Effizienz mit einem Höchstmaß an Beteiligung zu verbinden: Beispielsweise beschleunigen gestraffte Verfahren zum Ausbau der dringend benötigten Stromtrassen von Nord nach Süd zwar die Durchsetzung einer Politik gegen den Klimawandel, beeinträchtigen damit u. U. jedoch die hiermit verbundenen deliberativen Prozesse. Retardierend wirken sich aber auch Konflikte zwischen Bürgerinitiativen bzw. Umweltverbänden untereinander aus, wo diese, obwohl im Grundsatz einig, unterschiedliche Aspekte von oder Wege zur Nachhaltigkeit vertreten; so etwa wenn Vogelschützer Zunahme, Standorte und die Modalitäten in der Anwendung von Windkraftanlagen kritisieren.

Merkel und Schäfer stellen die Desynchronisierungsthese in Frage, ohne ihr jedoch völlig zu widersprechen: In vielen Bereichen lasse sich zeigen, dass die beklagten Defizite im politischen Handeln andere Haupt-Ursachen hätten als zeitliche. So sei der demographische Wandel ebenso wenig über Nacht gekommen wie der Klimawandel. In gleicher Weise seien auch Fragen des Arbeitsmarktes, der Bürgerrechte, die Themen Gleichberechtigung oder Bildungspolitik und, wie man hinzufügen kann, die weltweite Migration über Nacht gekommen. Was anderseits nicht bedeutet, dass nicht auch konkrete Krisenphänomene auftreten könnten, die keinen Aufschub durch langwierige Abstimmungsprozesse duldeten, zum Beispiel unvorhersehbare Kriegseinsätze oder bestimmte Typen von Wirtschaftskrisen. Doch auch was den Hochgeschwindigkeitshandel mit Wertpapieren und den Finanzkapitalismus insgesamt betrifft, betonen die Autoren, dass dessen politisches Problem nicht die Nano-Geschwindigkeiten einzelner Transaktionen seien, sondern die durch das neo-liberale Paradigma verursachte Nicht-Kontrollierbarkeit (S. 232 bzw. S. 231). Um eine adäquate zeitliche Reaktion zu ermöglichen, schlagen sie unter anderem eine bessere personelle Ausstattung des Regierungsapparates vor (hierzu auch Ostermann 2015).

Gegen Merkel und Schäfer ließe sich einwenden, dass, so überzeugend dieser Einwand gegen die „Beschleunigungstheoretiker" im Grundsatz ist, er doch da brüchig wird, wo es ins Detail geht: So war der Atom-Ausstieg angesichts der allen Akteuren vor Augen stehenden Katastrophe von Fukushima zwar im Grundsatz schnell beschlossen, kann aber nicht wirksam werden ohne eine komplexe Strategie des Ausstiegs aus der alten und des Einstiegs in eine neue, nachhaltige Energieversorgung mit unzähligen Detailmaßnahmen. Bei denen kommt es nicht nur darauf an, sie in der sachlichen Dimension aufeinander abzustimmen (etwa indem sichergestellt ist, dass außer dem Aufwuchs an Windkraftanlagen auch die nötigen Stromtrassen vorhanden sind), sondern diese Komponenten in der zeitlichen Dimension so miteinander zu verzahnen, dass sie komplementär zum Abschalten der Kernenergie für den Energiebedarf eines hoch industrialisierten Landes *rechtzeitig* zur Verfügung stehen. Auch die Sicherstellung der Finanzierung erfordert diffizile zeitliche Koordination, allein um die Kosten möglichst gering zu halten. Neben technischen, finanziellen und weiteren Hindernissen in der sachlichen Dimension treten Hindernisse in der sozialen Dimension auf, etwa Einsprüche von Bürgerinitiativen gegen die Trassenführung der „Stromautobahnen". Kurzum verbindet sich hier eine politische Grundsatz-Entscheidung, der entsprechend der These von Merkel und Schäfer erst einmal nicht primär ein Zeitproblem, sondern ein Problem der politischen Entscheidungsfähigkeit zugrunde liegt, mit der Folgewirkung vieler Synchronitätserfordernisse in den Details eines ultrakomplexen Umsteuerungsprozesses. In dessen Verlauf kann tatsächlich der Eindruck entstehen, dass die Instrumente eines demokratischen Systems nicht ausreichen, ihn effizient zu steuern.

Deutlicher als bei Merkel und Schäfer wäre im Sinne eines komplexeren Politikverständnisses allerdings zwischen den Handlungsressourcen des Staates einerseits und denen der Gesellschaft andererseits zu unterscheiden. Denn bekanntlich haben Wirtschaft und Zivilgesellschaft (Verbände, Kirchen, Gewerkschaften, Bürgerinitiativen etc.) mit ihrem Anliegen, staatliche Politik zu korrigieren oder überhaupt erst zu initiieren, einen erheblichen Anteil an der zeitlichen Beschaffenheit politischer Prozesse, sowohl in Richtung Beschleunigung als auch in Richtung Verzögerung. Ihre Funktion besteht darin, den Zeitdruck auf umweltpolitische Umsteuerungsprozesse zu erhöhen und darauf zu achten, dass Impulse nicht im Politikalltag versickern oder gute Konzepte in die Zukunft hinein entsorgt werden. Gerade in Bezug auf die Umweltpolitik hat die Kooperation von Politik und Zivilgesellschaft eine lange Tradition, ging die Initiative zur Schaffung von Institutionen der Umweltpolitik, nicht zuletzt eines Bundesumweltministeriums, ebenso wie von entsprechenden Beteiligungsverfahren ursprünglich von Bürgerbewegungen aus, nicht vom Staat selbst.

Das Zusammenspiel von Staat und Zivilgesellschaft kann jedoch nur effektiv sein, wenn sich beide auf Augenhöhe begegnen können, wesentlich auch in zeitlicher Hinsicht; dies ist allerdings eher selten der Fall. Denn während in staatlichen Gremien und Bürokratien Personen agieren, die ihre Lebens-Zeit dort als hochprofessionalisierte, bezahlte Mitarbeiter*innen eines großen Apparates einbringen, stehen diesen Bürger*innen gegenüber, die bereit sind, ihre knappe Lebens-Zeit an ein freiwilliges Engagement zu binden und dabei über bedeutend weniger sachliche und finanzielle Ressourcen verfügen. In modifizierter Weise lässt sich das Gleiche für große Wirtschaftsunternehmen sagen. Demgegenüber steigen die zeitlichen Anforderungen an Menschen, die Freiwilligenarbeit leisten, in ihrer Privatsphäre ständig, verursacht u.a. durch eine zunehmend durchrationalisierte Organisation des Alltagslebens in Verbindung mit steigenden beruflichen Anforderungen aber auch durch gestiegene eigene Ansprüche an die Lebensführung, die Ausbildung der Kinder usw. (Jurcyk und Szymenderski 2012; King et al. 2018). Es ist zu befürchten, dass die zeitlichen Bedingungen für derartige Engagements, besonders wo sie langfristige Bindung und viel Sachkenntnis voraussetzen, sich in Zukunft eher zuungunsten engagierter Bürger*innen entwickeln.

Was die Weitsichtigkeit und den langen Atem politischen Handelns angeht, sind in jüngster Zeit wiederholt die Dauern der *Legislaturperioden* problematisiert worden. Ihnen haftet ganz allgemein der Vorwurf an, die Kurzatmigkeit der Politik zu befördern und notwendige langfristige Reformen zu erschweren (Riescher 1994; Theisen 2000). Das betrifft die Reform der Alterssicherung ebenso wie Umweltthemen, zumal letztere wie gesagt sehr spezifische Rhythmen und Zeitabläufe aufweisen (Held und Geißler 1995; Adam 1998). Da größere Umsteuerungspolitiken fast immer Gewinner und Verlierer produzieren und da Erfolge sich auch für die Gewinner selten gradlinig, sondern zumeist langfristig und oft nur über Umwege einstellen, fürchtet die jeweilige Regierung nicht zu Unrecht, spätestens bei den kommenden Wahlen für ihre politischen Initiativen abgestraft zu werden. Schon allein aus diesem Grunde ist es notwendig, in jede Art von Umweltpolitik die potentiellen Verlierer zu inkludieren – siehe den Verlust von Arbeitsplätzen im Zuge einer Dekarbonisierungsstrategie.

Generell ist daran zu erinnern, dass die Demokratie als solche ein zutiefst im Grundgedanken der (repetitiven) Vorläufigkeit und damit der Zeitlichkeit verwurzeltes politisches Konstrukt ist: Gegenüber Feudalismus oder diktatorischen Systemen konnte es bisher genau dadurch seine Leistungsfähigkeit beweisen, dass es *Regierungsmacht auf Zeit* verleiht. Und erst hierdurch eröffnet es seinen Bürger*innen überhaupt die Möglichkeit der politischen Teilhabe. Das erzeugt allerdings Sollbruchstellen, wie die politischen Veränderungen nach Wahlen, die einer auf Kontinuität gerichteten Politik entgegenstehen können. Zugleich gilt aber, dass die Beschränkung der Macht durch deren Temporalisierung als Substrat moderner Demokratien nicht verhandelbar sein kann. Verhandelbar ist höchstens, quantitativ, die Ausdehnung der Amts-Perioden demokratischer Organe, etwa der Legislaturperioden oder der Regierungsämter. Ebenso wenig zur Disposition steht die Prozesshaftigkeit des Zustandekommens politischer Entscheidungen in komplexen Verhandlungs-, Abstimmungs- und ggf. Beteiligungsprozessen als solche, auch wenn diese jede Menge zeitlicher Unkalkulierbarkeiten nach sich zieht.

So gesehen ist die Demokratie, anders als die Wirtschaft, die ihre Legitimation primär aus ihrem Output bezieht, zuerst einmal eine Art (zeitliche) „Input-Veranstaltung", bei der das Verfahren, die Beteiligung demokratischer Organe und wo möglich und sinnvoll der Bürger*innen selbst an Entscheidungen mindestens ebenso zählt wie das sachliche Ergebnis (vgl. hierzu Merkel und Schäfer 2015, S. 218). Allerdings gerät umgekehrt die Demokratie in erhebliche Legitimationsprobleme, wenn sie ihren Bürger*innen lediglich korrekte Verfahren, nicht aber die sachlich benötigten Ergebnisse anbieten kann. Dabei stellen rechtsförmig korrekte Verfahren, die eine Machtbalance sichern helfen, angesichts der weiter wachsenden direkten Einflussnahme von Wirtschaftsvertretern sowie der ökonomischen Logik als solcher auf politische Entscheidungen bereits für sich einen hohen Anspruch an die gelebte Praxis demokratischer Systeme dar (Crouch 2008). Dementsprechend profitieren populistische Bewegungen in Europa gegenwärtig davon, dass sie beides in Frage stellen, sowohl die Verfahren als auch die Effizienz staatlichen Handelns – und damit die Demokratie insgesamt.

Politisches Nicht-Handeln oder die Verschleppung notwendiger Entscheidungen etwa in kommende Legislaturperioden hinein sind daher insofern gefährlich, als sie der Behauptung der strukturbedingten Ineffizienz liberaler demokratischer Systeme neue Nahrung verschaffen. Auch deshalb kommt der Zivilgesellschaft in solchen politischen Systemen eine wichtige Aufgabe zu: Als Gegengewicht gegenüber politischem Nicht-Handeln wirkt vermutlich, dass das Gedächtnis der Wähler*innen keinem solchen, an Legislaturperioden gekoppelten Mechanismen des Vergessens und Verdrängens unterliegt. Wenn man Politik nicht nur als staatliches Handeln, sondern als das Zusammenspiel staatlichen Handelns mit den Kräften der Zivilgesellschaft versteht, kommt dabei dem kollektiven Gedächtnis in seiner Doppelrolle als Institution sowohl des Bewahrens als auch des Vergessens (vgl. Assmann 2016) eine herausragende Rolle zu. Bürgerinnen und Bürger ebenso wie institutionelle Akteure – Kirchen, Gewerkschaften, Umweltverbände aber auch die Wirtschaft –, die nicht an Legislaturperioden gebunden sind, verfügen durch ihre je spezifischen kollektiven Gedächtnisse zumeist über weit ausgedehntere und beständigere Zeithorizonte als die Politik. Jeder für sich und alle zusammen erfüllen damit gleichsam ein politisch-ökologisches Wächteramt – in unserem Zusammenhang sowohl als Anwälte der weiten Horizonte einer Politik der Nachhaltigkeit als auch als Time-Keeper, die nicht aufhören, die Politik daran zu erinnern, dass es fünf vor zwölf sei.

Held (1993) stellt fest, dass es „für eine Ökologie der Zeit … nicht um eine einfache Umkehrung der Maxime ‚schneller ist besser' in Richtung Langsamkeit gehen (kann)…. Vielmehr sind geeignete Zeitmaße in Richtung einer Strategie der Entschleunigung und Verstetigung (hier, des Verkehrs, J.R.) zu entwickeln. Die Orientierung an Spitzengeschwindigkeiten ist bereits immanent – noch ohne ökologische Effekte mit einzubeziehen – an Grenzen gestoßen…" (S. 28). Er empfiehlt sinngemäß, die rechten Zeitmaße aus der Anschauung des Gegenstandes selbst heraus im Zuge eines dialogischen Prozesses zu finden. Das hat Konsequenzen für das politische

Agieren: ein vermeintlich „zu langsames" politisches Handeln, das aber der Eigenrhythmik des Gegenstandes ihren Raum lässt, könne adäquat sein, weil damit die „Gemächlichkeit" ermöglicht wird, die ein System gegebenenfalls benötigt, um sich „durchzutappen…" (trial and error) und hierdurch die besten Lösungen zu finden. Reheis (2019) macht an dieser Stelle auf den wichtigen Unterschied zwischen Synchronisation und Resonanz aufmerksam: „Bei vernetzten Systemen gibt es wegen der komplexen Struktur eine Vielzahl von Einflussfaktoren, die ständig für Unregelmäßigkeiten und Überraschungen sorgen. Synchronisationen sind also fest vorgegebene, Resonanzen (sind) flexible zeitliche Passungen. Anders formuliert: Wir können uns als Menschen zwar um die zeitliche Passung einzelner isolierter Systemzeiten bemühen (Synchronisation), müssen aber immer damit rechnen, dass die vernetzten Eigenzeiten nicht zu jener Wechseldynamik (Resonanz) führen, auf die unsere Bemühungen eigentlich gerichtet waren. Flexible Passungen sind also immer mit Ungewissheiten verbunden. … Durch die letztliche Unverfügbarkeit von Resonanzen eröffnen sie uns jene Freiheitsspielräume, auf die wir angewiesen sind, wenn wir den Weg der nichtnachhaltigen Entwicklung verlassen und einen neuen Weg einschlagen wollen. Synchronisationen sind planbar und können die Wahrscheinlichkeit von Resonanzen erhöhen, erzwingen aber lassen sich Resonanzen nicht" (ebd., S. 72f).

5. Sabbat und Sonntag: Gewinnen durch Unterlassen

„Wo die Gefahr ist, wächst das Rettende auch" heißt es in Hölderlins viel zitierter Hymne Patmos. Tatsächlich finden sich in der jüdisch-christlichen Tradition, die in Überinterpretation des „Machet euch die Erde untertan" zu der Umweltzerstörung, die wie heute beklagen, wesentlich beigetragen hat (v. Scheliha 2014), zugleich geistige Ressourcen in Gestalt von Traditionen, die dieser Zerstörungstendenz entgegenwirken können: Die regelmäßige Wochenzäsur am Sabbat und Sonntag darf man zum Weltkulturerbe rechnen (Rinderspacher et al. 1994). Mit dem Anspruch an eine intakte Umwelt verbindet die im Wochenrhythmus von Milliarden Menschen praktizierte Unterbrechung der Arbeit, dass diese spätestens seit der Industrialisierung in ähnlicher Weise dem Druck ökonomischer Nutzenkalküle bzw. der kapitalistischen Wirtschaftsweise ausgesetzt ist. Dennoch, trotz der regelmäßigen Infragestellung des Nutzens einer kollektiven Unterbrechung der Arbeit durch einschlägige Wirtschaftsverbände, und ungeachtet aller Säkularisierungstendenzen fallen in den meisten hoch entwickelten Gesellschaften von den theoretisch möglichen 168 Stunden Produktionszeit pro Woche nach wie vor 24 bzw. 48 Stunden aus (ebd.). So manifestiert sich in der gelebten Institution der „Sonntagsruhe" (Rinderspacher 2020) in regelmäßiger Wiederkehr der Gedanke der Unterbrechung und des Unterlassens (Birnbacher 1995) und damit zugleich der zeitökonomischen Suffizienz. Symbolisch steht die wöchentliche Unterbrechung für die Idee des Gewinnens von Lebensperspektiven nicht durch Tun, sondern durch Unterlassen.

Indem sie konkrete ökologische Auswirkungen hat – Minimierung der Ressourcenbeanspruchung und der daraus folgenden Emissionen durch temporären Stillstand der Produktion – geht die Wirkung des regelmäßigen Stillstands der wirtschaftlichen Aktivität einer Gesellschaft über das Symbolische zumindest potentiell weit hinaus. Einschränkend muss man jedoch sagen, dass diesen Einsparungen ein zum Teil hochgradig umweltbelastendes Freizeitverhalten der Menschen gegenübersteht (Kleinhückelkotten 2015; Rinderspacher 1997). Unter ökologischen Gesichtspunkten gilt es selbstredend, dies zu vermeiden (ders. 2017), etwa durch eine Reduktion der Reisetätigkeit in der Freizeit.

Als eine ausgerechnet in der Arbeitsgesellschaft institutionalisierte Form kollektiver Arbeitsunterbrechung steht die Herausgehobenheit des Sonntags bzw. des Freien Wochenendes somit für eine scheinbar paradoxerweise durch Selbstbeschränkung erzeugte Freiheit. Diese basiert auf der Erkenntnis, dass sich der Sinn menschlicher Existenz nicht in ununterbrochenem wirtschaftlichen Tun erschöpfen darf (vgl. Ebach 1988) und dass, in einfachen Worten, die Unterbrechung der Arbeit ohne schlechtes Gewissen und ohne Konkurrenzdruck – Stichwort zeitliche Suffizienz – eine entscheidende Voraussetzung gelingenden Lebens ist: Eine Freiheit, die sowohl dem Menschen als auch seiner Umwelt nutzt. Indem sie dem Grundgedanken der Nachhaltigkeit korrespondiert, kann die weltweit hundertmillionenfach performte rhythmische Darstellung von „Unterlassen" Impulse für einen Wandel in Richtung einer ökologischen Lebens- und Denkweise setzen. Mehr noch macht diese Art der rhythmischen Selbstbeschränkung in einer technisch-artifiziellen Welt der Linearitäten das Zyklische als das der Natur inhärente Prinzip in seiner heilenden Wirkung von Woche zu Woche buchstäblich am eigenen Leibe erfahrbar.

Literatur

Adam, Barbara. 1998. *Timescapes of Modernity. The environment and invisible hazards.* London: Routledge.

Adler, Frank, und Ulrich Schachtschneider (Hrsg.). 2017. *Postwachstumspolitiken. Wege zur wachstumsunabhängigen Gesellschaft*. München: oekom.

Allmendinger, Jutta. 2015. „Soziale Ungleichheit, Diversität und soziale Kohäsion als gesellschaftliche Herausforderung". Online zugänglich unter: https://www.v hw.de/fileadmin/user_upload/08_publikationen/verbandszeitschrift/FWS/2015/ 3_2015/FWS_3_15_Allmendinger.pdf.

Assmann, Aleida. 2006. *Erinnerungsräume: Formen und Wandlungen des kulturellen Gedächtnisses*. München: Beck.

Assmann, Aleida. 2016. *Formen des Vergessens*. Göttingen: Wallstein.

Baumann, Zygmunt. 2017. *Retrotopia*. Berlin: Suhrkamp.

Becker, Uwe. 2006. *Sabbat und Sonntag. Plädoyer für eine sabbattheologisch begründete kirchliche Zeitpolitik*. Neukirchen-Vluyn: Neukirchner.

Becker, Uwe; Fischbeck, Hans-Jürgen, und Jürgen Rinderspacher (Hrsg.). 1997. *Zukunft. Über Konzepte und Methoden zeitlicher Fernorientierung*. Bochum: SWI.

Birnbacher, Dieter. 1995. *Tun und Unterlassen*. Stuttgart: Reclam.

Blumenberg, Hans. 1997. *Schiffbruch mit Zuschauer: Paradigma einer Daseinsmetapher*. Frankfurt am Main: Suhrkamp.

Brand, Ulrich, und Markus Wissen. 2017. *Imperiale Lebensweise. Zur Ausbeutung von Mensch und Natur in Zeiten des globalen Kapitalismus*. München: oekom.

Bregman, Rutger. 2017. *Utopien für Realisten. Die Zeit ist reif für die 15-Stunden-Woche, offene Grenzen und das bedingungslose Grundeinkommen*. Reinbeck: Rowohlt.

Buhl, Johannes. 2016. *Rebound-Effekte im Steigerungsspiel. Zeit- und Einkommenseffekte in Deutschland*. Baden-Baden: Nomos.

Bundestagsfraktion Bündnis 90/ Die Grünen. 2017. Wahrer Wohlstand statt blindem Wachstum. Jahreswohlstandsbericht 2017. Berlin: Bündnis 90/ Die Grünen.

BUND – Bund für Umwelt und Naturschutz Deutschland, und Misereor (Hrsg.). 1996. *Zukunftsfähiges Deutschland. Ein Beitrag zu einer global-nachhaltigen Entwicklung. Studie des Wuppertal-Instituts für Klima, Umwelt, Energie*. Basel: Birkhäuser.

Crouch, Colin. 2008. *Postdemokratie*. Berlin: Suhrkamp.

Diefenbacher, Hans, und Susanne Habicht-Erenler (Hrsg.). 1991. *Wachstum und Wohlstand: Neuere Konzepte zur Erfassung von Sozial- und Umweltverträglichkeit*. Marburg: metropolis.

Dietz, Bernhard; Neumaier, Christopher, und Andreas Rödder (Hrsg.). 2013. *Gab es den Wertewandel?: Neue Forschungen zum gesellschaftlich-kulturellen Wandel seit den 1960er Jahren*. München: Oldenbourg.

Distelhorst, Lars. 2014. *Leistung: das Endstadium der Ideologie*. Bielefeld: transkript.

Ebach, Jürgen. 1988. „Nicht das Letzte herausholen! Biblische Erinnerungen zum Thema Arbeits- und Ruhezeit". In Przybylski, Hartmut, und Jürgen Rinderspacher (Hrsg.). *Das Ende gemeinsamer Zeit? Risiken neuer Arbeitszeitgestaltung und Öffnungszeiten*. Bochum: SWI, 83–98.

Fischer, Karsten (Hrsg.). 1999. *Neustart des Weltlaufs? Fiktion und Faszination der Zeitwende*. Frankfurt am Main: Suhrkamp.

Frambach, Hans; Koubek, Norbert; Kurz, Heinz, und Reinhard Pfriem (Hrsg.). 2019. *Schöpferische Zerstörung und der Wandel des Unternehmertums. Zur Aktualität von Joseph A. Schumpeter*. Marburg: metropolis.

Geißler, Karlheinz. 2008. *Zeit – verweile doch: Lebensformen gegen die Hast*. Freiburg: Herder.

Held, Martin. 1993. „Zeitmaße für die Umwelt". In Held, Martin, und Karlheinz Geißler (Hrsg.). *Ökologie der Zeit. Vom Finden der rechten Zeitmaße*. Stuttgart: Hirzel, 11-31.

Held, Martin. 2002. „Zeitwohlstand und Zeitallokation. Eine Einführung in die ökonomische Diskussion". In Rinderspacher, Jürgen (Hrsg.). *Zeitwohlstand. Ein Konzept für einen anderen Wohlstand der Nation*. Berlin: ed. Sigma, 15-36.

Held, Martin, und Karlheinz Geißler (Hrsg.). 1993. *Ökologie der Zeit. Vom Finden der rechten Zeitmaße*. Stuttgart: Hirzel.

Held, Martin, und Karlheinz Geißler (Hrsg.). 1995. *Von Rhythmen und Eigenzeiten. Perspektiven einer Ökologie der Zeit*. Stuttgart: Hirzel.

Hellmann, Kai-Uwe. 2015. „Alles Konsum oder was?". In Freericks, Renate, und Dieter Brinkmann (Hrsg.). *Handbuch der Freizeitsoziologie*. Wiesbaden: Springer VS, 537-556.

Holst, Elke; Rinderspacher, Jürgen, und Jürgen Schupp (Hrsg.). 1994. *Erwartungen an die Zukunft. Zeithorizonte und Wertewandel in der sozialwissenschaftlichen Diskussion*. Frankfurt am Main: Campus.

Holst, Elke, und Hartmut Seifert. 2012. „Arbeitszeitpolitische Kontroversen im Spiegel der Arbeitszeitwünsche". *WSI-Mitteilungen 02/2012*: 141-149.

Holziger, Markus. 2018. „Warum die Weltgesellschaft nicht existiert. Kritische Reflexionen zu einigen empirischen und epistemologischen Problemen der Theorie der Weltgesellschaft". *Kölner Zeitschrift für Soziologie und Sozialpsychologie* 70 (2): 183-211.

Huber, Josef. 1980. *Wer soll das alles ändern. Die Alternativen der Alternativbewegung*. Berlin: Rotbuch.

Jurcyk, Karin, und Peggy Szymenderski. 2012. „Belastungen durch Entgrenzung – warum Care in Familien zur knappen Ressource wird". In Lutz, Roland (Hrsg.). *Erschöpfte Familien*. Wiesbaden: Springer VS, 89-106.

King, Vera; Gerisch, Benihna; Rosa, Hartmut; Schreiber, Julia, und Benedikt Salfeld. 2018. „Überforderung als neue Normalität. Widersprüche optimierender Lebensführung und ihre Folgen". In Fuchs, Thomas; Iwer, Lukas, und Stefano Micali (Hrsg.). *Das überforderte Subjekt*. Berlin: Suhrkamp, 227-257.

Kleinhückelkotten, Silke. 2015. „Wochenend' und Sonnenschein – Freizeitstile und Nachhaltigkeit". In Freericks, Renate, und Dieter Brinkmann (Hrsg.). *Handbuch der Freizeitsoziologie*. Wiesbaden: Springer VS, 513-536.

Köhne, Rolf. 2017. „Zeit für creatio continua? Betrachtungen zum Verhältnis von Schuld, Schulden und Stabilität in der Post-Lehmann-Welt". In Priddat, Birger, und Verena Rauen (Hrsg.). *Die Welt kostet Zeit. Zeit der Ökonomie. Ökonomie der Zeit.* München: metropolis, 45-56.

Lamping, Wolfram. 2015. „»Bringing Climate Change Home« – Verzeitlichung und Vergegenwärtigung in der lokalen Klimapolitik". In Straßheim, Holger, und Tom Ulbricht (Hrsg.). *Zeit der Politik. Demokratisches Regieren in einer beschleunigten Welt. Leviathan Sonderband Nr. 30/2015.* Baden-Baden: Nomos, 172-191.

Latour, Bruno. 2018. *Das terrestrische Manifest.* Berlin: Suhrkamp.

Lyotard, Jean-François. 2009. *Das postmoderne Wissen.* Wien: Passagen.

Merkel, Wolfgang, und Andreas Schäfer. 2015. „Zeit und Demokratie: Ist demokratische Politik zu langsam?". In Straßheim, Holger, und Tom Ulbricht (Hrsg.). *Zeit der Politik. Demokratisches Regieren in einer beschleunigten Welt. Leviathan Sonderband Nr. 30/2015.* Baden-Baden: Nomos, 218-238.

Mückenberger, Ulrich. 2011. „Time abstraction, temporal policy and the Right of Ones Own Time". *ChronoScopeScope* 2011 (1-2): 66-97.

Müller, Michael, und Peter Hennicke. 1994. *Wohlstand durch Vermeiden. Mit der Ökologie aus der Krise.* Darmstadt: WBG.

Opitz, Sven, und Ute Tellmann. 2015. „Future Emergencies: Temporal Politics in Law and Economy". *Theory, Culture & Society* 32 (2): 107-129.

Ostermann, Dietmar. 2015. „Warum entscheiden Politiker immer hastiger?". Interview mit Jürgen Rinderspracher. *Badische Zeitung* 24.12.2015.

Paech, Niko. 2012. *Befreiung vom Überfluss. Auf dem Weg in die Postwachstumsökonomie.* München: oekom.

Pongratz, Hans, und G. Günter Voss. 2003. *Arbeitskraftunternehmer – Erwerbsorientierungen in entgrenzten Arbeitsformen.* Berlin: ed. Sigma.

Portschy, Jürgen. 2015. „Politik und Zeit im Kontext des Argumentative Turn. Skizzen eines interpretativen Zugangs zur Analyse politischer Temporalitäten". In Straßheim, Holger, und Tom Ulbricht (Hrsg.). *Zeit der Politik. Demokratisches Regieren in einer beschleunigten Welt. Leviathan Sonderband Nr. 30/2015.* Baden-Baden: Nomos, 89-112.

Poschardt, Ulf. 2002. *Über Sportwagen.* Berlin: Merve.

Randers, Jorgen. 2016. *2052. Der neue Bericht an den Club of Rome: Eine globale Prognose für die nächsten 40 Jahre.* München: oekom.

Reckwitz, Andreas. 2017. *Die Gesellschaft der Singularitäten - Zum Strukturwandel der Moderne.* Berlin: Suhrkamp.

Reheis, Fritz. 2019. *Die Resonanzstrategie. Warum wir Nachhaltigkeit neu denken müssen.* München: oekom.

Reisch, Lucia. 1998. „Zeitwohlstand versus Güterwohlstand? Thesen zur Ökonomie und Ökologie der Zeit". *Widerspruch* 18 (36): 67-75.

Reisch, Lucia, und Sabine Bietz. 2014. *Zeit für Nachhaltigkeit – Zeiten der Transformation. Mit Zeitpolitik gesellschaftliche Veränderungsprozesse steuern.* München: oekom.

Riescher, Gisela. 1994. *Zeit und Politik. Zur institutionellen Bedeutung von Zeitstrukturen in parlamentarischen und präsidentiellen Regierungssystemen.* Baden-Baden: Nomos.

Rinderspacher, Jürgen P. 1985. *Gesellschaft ohne Zeit. Individuelle Zeitverwendung und soziale Organisation der Arbeit.* Frankfurt am Main: Campus.

Rinderspacher, Jürgen P. 1988. „Die Kultur der knappen Zeit". *Neue Gesellschaft/ Frankfurter Hefte* 4/1988: 313-323.

Rinderspacher, Jürgen P. 1990. „Arbeit, Freizeit, Natur: Überlegungen zu umweltverträglichen Zeitbudgets". In Fricke, Werner (Hrsg.). *Jahrbuch Arbeit und Technik 1990.* Bonn: J.H.W. Dietz Nachf, 93-104.

Rinderspacher, Jürgen P. 1996. „Zeitinvestitionen für die Umwelt. Annäherungen an ein ökologisches Handlungskonzept". In Ders. (Hrsg.). *Zeit für die Umwelt. Handlungskonzepte für eine ökologische Zeitverwendung.* Berlin: ed. Sigma, 69-130.

Rinderspacher, Jürgen P. 1997. „Mit der Natur leben. Zukunftsfähigkeit als Problem natürlicher und sozialer Rhythmen". In Hengsbach, Friedhelm; Emunds, Bernhard, und Matthias Möhring-Hesse (Hrsg.). *Reformen fallen nicht vom Himmel.* Freiburg: Herder, 181-199.

Rinderspacher, Jürgen P. (Hrsg.). 2002. *Zeitwohlstand. Ein Konzept für einen anderen Wohlstand der Nation.* Berlin: ed. Sigma.

Rinderspacher, Jürgen P. 2015. „Beschleunigung und Geschwindigkeit. Zeitliche Rahmenbedingungen der Freizeitgesellschaft". In Freericks, Renate, und Dieter Brinkmann (Hrsg.). *Handbuch der Freizeitsoziologie.* Wiesbaden: Springer VS, 55-84.

Rinderspacher, Jürgen P. 2017. „Arbeitszeiten und die Nullwachstumsgesellschaft". In Diefenbacher, Hans; Held, Benjamin, und Dorothee Rodenhäuser (Hrsg.). *Ende des Wachstums – Arbeit ohne Ende? Arbeiten in einer Postwachstumsgesellschaft.* Marburg: metropolis, 69-100.

Rinderspacher, Jürgen P. 2018. „Wiederauferstehung des Überschallpassagierverkehrs als Herausforderung für eine ökologische Zeitpolitik". *Ökologisches Wirtschaften* 3/2018: 40-45.

Rinderspacher, Jürgen P. 2020. „Das Freie Wochenende: Zeitstrukturelle Rahmenbedingungen der Muße im Spannungsfeld widerstreitender Interessen". In Dobler, Gregor; Tauschek, Markus; Vollstädt, Michael und Inga Wilke (Hrsg.). *Muße und Arbeit.* Tübingen: Mohr Siebeck: XX.

Rinderspacher, Jürgen; Henckel, Dietrich, und Beate Hollbach (Hrsg.). 1994. *Die Welt am Wochenende: Entwicklungsperspektiven der Wochenruhetage. Ein interkultureller Vergleich.* Bochum: SWI.

Rosa, Hartmut. 2005. *Beschleunigung. Die Veränderung der Zeitstrukturen in der Moderne.* Berlin: Suhrkamp.

Sandler, Willibald. 2002. „Christentum als große Erzählung. Anstöße für eine narrative Theologie". In Tschuggnall, Peter (Hrsg.). *Religion - Literatur - Künste. Ein Dialog (Im Kontext 14)*. Anif: Müller-Speiser, 523-538.

Santarius, Tilman. 2015. *Der Rebound- Effekt. Ökonomische, psychische und soziale Herausforderungen für die Entkopplung von Wirtschaftswachstum und Energieverbrauch.* Marburg: metropolis.

Scheliha, Arnulf v.. 2014. „Normen und ihre Anwendung im umweltethischen Diskurs. Am Beispiel der EKD-Denkschrift ‚Umkehr zum Leben – Nachhaltige Entwicklung im Zeichen des Klimawandels'". In Schneckener, Ulrich; Scheliha, Arnulf v.; Lienkamp, Andreas, und Britta Klagge (Hrsg.). *Wettstreit der Ressourcen – Konflikte um Klima, Wasser und Boden.* München: oekom, 123-138.

Scherhorn, Gerhard. 2000. „Die produktive Verwendung der freien Zeit". In Hildebrandt, Eckart, und Gundrun Linne (Hrsg.). *Reflexive Lebensführung. Zu den sozialökologischen Folgen flexibler Arbeit.* Berlin: ed. Sigma, 343-373.

Scherhorn, Gerhard. 2002. „Wohlstand – eine Optimierungsaufgabe". In Rinderspacher, Jürgen (Hrsg.). *Zeitwohlstand. Ein Konzept für einen anderen Wohlstand der Nation.* Berlin: ed. Sigma, 343-377.

Schmid, Wilhelm. 2013. *Die Liebe atmen lassen - Von der Lebenskunst im Umgang mit Anderen.* Berlin: Suhrkamp.

Seel, Barbara. 1996. „Auf der Mikrowelle? Private Haushalte zwischen Zeit, Geld und Umweltkonsum". In Rinderspacher, Jürgen (Hrsg.). *Zeit für die Umwelt. Handlungskonzepte für eine ökologische Zeitverwendung.* Berlin: ed. Sigma, 131-148.

Stalk, George, und Thomas Hout. 1990. *Zeitwettbewerb. Schnelligkeit entscheidet auf den Märkten der Zukunft.* Frankfurt am Main: Campus.

Stiftung für Zukunftsfragen. 2017. „Erwartungen für das Jahr 2030 – zwischen Skepsis und Zuversicht. Forschung aktuell der Stiftung für Zukunftsfragen". *Newsletter* Ausgabe 275, 38. Jg., 26.Dez.

Streeck, Wolfgang. 2013. *Gekaufte Zeit. Die vertagte Krise des demokratischen Kapitalismus.* Berlin: Suhrkamp.

Theisen, Heinz. 2000. *Zukunftspolitik. Langfristiges Handeln in der Demokratie.* München: Olzog.

Weichert, Nils. 2011. *Zeitpolitik. Legitimation und Reichweite eines neuen Politikfeldes.* Baden-Baden: Nomos.

Welzer, Harald. 2019. *Alles könnte anders sein. Eine Gesellschaftsutopie für freie Menschen.* Frankfurt am Main: S. Fischer Verlag.

WBGU – Wissenschaftlicher Beirat der Bundesregierung Globale Umweltveränderungen. 2018. Zeit-gerechte *Klimapolitik: Vier Initiativen für Fairness. Politikpapier.* Berlin: WBGU.

Zahariadis, Nikolaos. 2015. „Plato's Receptacle: Deadlines, Ambiguity, and Temporal Sorting in Public Policy". In Straßheim, Holger, und Tom Ulbricht (Hrsg.). *Zeit der Politik. Demokratisches Regieren in einer beschleunigten Welt. Leviathan Sonderband Nr. 30/2015.* Baden-Baden: Nomos, 113-131.

Zeiten der Großen Transformation zu einer nachhaltigen Entwicklung

Koreflexion zu Jürgen P. Rinderspacher, „Vor uns die Sintflut: Zeit als kritischer Faktor nachhaltiger Entwicklung"

Martin Held

1. Einleitung

Fünf-vor-zwölf, Sintflut und Arche Noah – Jürgen P. Rinderspacher führt mit starken Metaphern und einem großen Narrativ in sein Thema der Zeitlichkeit als kritischen Faktor nachhaltiger Entwicklung ein. Er entfaltet dabei die Vielfalt der Zeiten im Unterschied zu einer vielfach stark auf die lineare Zeit und Uhrenzeit vereinfachten Perspektive. Dabei stehen bei ihm der Klimawandel und die Klimapolitik als zentraler Bereich nachhaltiger Entwicklung im Fokus.

Die Intention seines Beitrags ist es, „einige Hinweise auf unterschiedliche Zeitbezüge mit Blick auf eine Politik der nachhaltigen Entwicklung [zu] geben" (Rinderspacher in diesem Band). In meinem Beitrag ordne ich, ausgehend von der Vielfalt der Zeitlichkeiten (*temporalities*), seinen Beitrag in die Große Transformation zu einer nachhaltigen Entwicklung ein.

2. Fünf-vor-zwölf, Sintflut – Narrative und Metaphern

Fünf-vor-zwölf ist eine beliebte Metapher. Rinderspacher ordnet sie in seinem Beitrag in seine Ausführungen zur Zeit als kritischer Faktor ein. Ihre Beliebtheit rekurriert u.a. darauf, dass die Vorstellung von Zeit als Uhrenzeit gesellschaftlich sehr erfolgreich ist. Damit assoziiert wird vielfach die Vorstellung einer zeitlich fixen Deadline.

Diese Vorstellung ist trotz aller Beliebtheit für das Verständnis der Großen Transformation hin zu einer nachhaltigen Entwicklung problematisch. Wenn einige Jahre vergangen sind, in denen sich die Entwicklungen trotz kleinerer Erfolge systematisch auf dem Pfad der Nichtnachhaltigkeit fortbewegt haben, müsste es im Sinne dieser Uhrenmetaphorik später sein: sagen wir zwei Minuten vor zwölf oder gar schon fünf nach zwölf Uhr. Damit hoffnungslos zu spät für die notwendige Trendumkehr hin zu einer klimaverträglicheren Politik. Damit enthält diese Metaphorik eine demotivierende Komponente, legt Assoziationen nahe wie etwa „es ist ohnehin alles zu spät für wirklich wirksame Maßnahmen". Sie wirkt bedrohlich. Sie ist temporal unpassend.

Rinderspacher geht im Weiteren auf die inhaltliche Nähe der Fünf-vor-zwölf Metapher zum großen Narrativ der Sintflut und der Arche Noah ein. Der Begriff *arche* (altgriechisch) = Beginn, Anfang rekurriert auf die Zeitform Anfang (Held 2004). Dieses Narrativ ist archetypisch mit dem Sündenfall verbunden und damit mit der Vorstellung einer extremen Katastrophe, bei der nur wenige Menschen und nur Teile der Tierwelt auserwählt sind zu überleben.

Tatsächlich handelt es sich, wie Rinderspacher ausführt, beim anthropogen verursachten Klimawandel nicht um eine Katastrophe im Wortsinn, da eine schleichende, vorher absehbare Entwicklung keine Katastrophe ist. Zu ergänzen ist, dass die Vorstellung eines sehr großen *time lag*, einer Jahrzehnte langen Verzögerung zwischen Verursachung der Klimaveränderungen und der Erlebbarkeit deren Folgen die tatsächlichen Entwicklungen nicht trifft. Tatsächlich sind die Wetterextreme in unterschiedlichsten Regionen der Welt, nicht nur in Ländern des Südens, bereits in den 2010er Jahren zunehmend stärker erlebbar.

Die Bedeutung von Framing und damit verbunden die Wirkmächtigkeit von Metaphern ist zwischenzeitlich sehr gut belegt. Beginnend mit den Arbeiten etwa von Tversky und Kahneman (1981) bis hin zu den Ansätzen der Kognitionslinguistik (vgl. etwa Wehling 2016) wurde klar, dass „Worte nicht einfach Worte sind", um das vereinfacht zu pointieren. Sie prägen vielmehr das Denken, das was in den Blick kommt und was außerhalb des Rahmens bleibt (Framing steht für Rahmung). Das geht bis dahin, dass etwa Versuche, bestimmte Vorbehalte etwa gegen politische Maßnahmen, durch Sachargumente zu entkräften, diese tendenziell nur noch verstärken. Dagegen hilft auch nicht, dass man selbst meint, vor derartigen Wirkungen gefeit zu sein. Vielmehr sind gerade Metaphern äußerst wirkmächtig. Deshalb ist es umso wichtiger, in Fragen der Nachhaltigkeitstransformation geeignete, positive Narrative und Metaphern zu vertreten und nicht auf Metaphern wie etwa Fünf-vor-zwölf oder damit verwandte Narrative wie die Sintflut abzustellen.

3. Zeitmaße der Politik – Zeitpolitik

Rinderspacher entfaltet in seinem Beitrag, dass die Zeitforschung weit über vorherrschende vereinfachende Vorstellungen von Zeit als Uhrzeit und der linearen, gleichförmig ablaufenden Zeit, die Vielfalt von Zeitlichkeiten behandelt. Er geht mit dieser Perspektive der zeitlichen Diversität auf die Klimaproblematik und übergeordnet auf Fragen einer nachhaltigen Entwicklung ein. Im Unterschied zum Englischen *temporalities* ist im Deutschen dafür kein vergleichsweise gut eingeführter Begriff verfügbar. Eine kleine Auswahl der von ihm eingebrachten zeitlichen Zugänge:

- Zeitmodi Vergangenheit, Gegenwart, Zukunft mit einer Betonung auf das Verhältnis von Gegenwart und Zukunft;
- Geschwindigkeit, Beschleunigungstendenzen und Verlangsamung;
- Zeitdruck und knappe Zeit zum Umsteuern;
- Rhythmik am Beispiel des Wochenrhythmus;
- Uhrenzeit und Lebenszeit;
- Zukunftsbilder und Gegenwartspräferenz;
- Zeitskalen und *time-lag*;
- Materieller Wohlstand, Zeitverdichtung der Arbeit, Zeitwohlstand.

Für die Rhythmik von Aktivität und Ruhe bzw. Aktivität und Feiern verwendet er den Wochenrhythmus mit Wochentagen und Sabbat bzw. Sonntag. Für seine Thematik des Klimawandels bzw. einer Politik in Richtung einer nachhaltigen Entwicklung ist die Debatte um die Variabilität von Wind und Sonnenschein wichtig. Vielfach wird die natürliche Rhythmik von Tag und Nacht, jahreszeitliche Rhythmik sowie generell die Wetter-bedingten Schwankungen als Nachteil erneuerbarer Energien gerahmt. Im Frame, das auf die Kontrolle der Natur setzt und dabei mit fossilen Energien einen Zeitdiebstahl großen Stils betreibt, klingt dies plausibel. In wenigen Menschengenerationen werden in Jahrmillionen gebildete Stoffdepots von Kohlenwasserstoffen aufgezehrt. Diese menschheitsgeschichtliche kurze Phase führte zu einer Entbettung von den natürlichen Rhythmen. Es konnte die Vorstellung einer Ablösung von den natürlichen Rhythmen vorherrschend werden. Es ist eine Erbschaft des fossil geprägten Zeitalters, dass dies für die Zukunft weiterhin unterstellt wird (mentale Pfadabhängigkeit). Hoffnungen auf Fusionsenergie und dergleichen sind Ausdruck dieses Frames.

Geht man von den Erkenntnissen zur grundlegenden Rhythmik der Erde aus, kommt man zu einem neuen Frame. Dann erscheint die Wiedereinbettung in die natürliche Rhythmik nicht als Rückschritt, sondern gibt die Zielrichtung für eine Transformation in Richtung einer nachhaltigen

Entwicklung vor. Eine dezentrale Energieversorgung, die klug mit zentralen Elementen (etwa Elektrizität aus Wasserkraft in Norwegen im Verbund) sowie den modernen Methoden der Wetterprognostik und Lastmanagement kombiniert wird, entspricht dieser Zielrichtung (zu Rhythmen und Eigenzeiten vgl. Held und Geißler 1995).

Rinderspacher unterscheidet zwischen Zeitmaßen der Politik und Zeitpolitik. Dabei geht er ausführlich auf die Kontroverse zwischen Hartmut Rosa und Merkel und Schäfer zu Fragen gesellschaftlicher Beschleunigung und Desynchronisation zwischen erforderlicher Zeit für demokratische Prozesse und den Notwendigkeiten einer sich beschleunigenden Entwicklung ein.

Die zeitlichen Kategorien und temporalen Differenzierungen der Zeitpolitik bei Rinderspacher lassen sich in die Strukturierung eines Zeitpolitischen Glossar einfügen (Heitkötter und Schneider 2008):

- Grundbegriffe der Zeitpolitik (z.B. Nonstop-Gesellschaft, Recht auf eigene Zeit, Zeitkonflikte etc.),
- Felder der Zeitpolitik (z.B. Arbeitszeitpolitik, Bildung, Geschlechterverhältnisse, lokale Zeitpolitik etc.),
- Instrumente der Zeitpolitik (z.B. Chronotope, Standardisierung von Zeit, Zeitpakte etc.) sowie
- Zeitstrategien in der Politik (z.B. Aussitzen, Filibuster, Zeitfenster etc.).

Für seine Thematik unmittelbar verwendbar sind „Grundbegriffe zur Ökologie der Zeit" (Geißler und Held 1995):

- Ökologie der Zeit
- Zeitmaße
- Zeitskalen
- Systemzeiten und Eigenzeiten
- Rhythmus und Takt
- Chronobiologie
- Evolution
- Elastizität und Resilienz
- Chronotop
- Tempo und Kontrolle der Zeiten
- *Sustainable development* sowie
- Zeitpolitik.

Methodisch ist die Einführung des Konzepts *timescape* von Adam (1998) zur Analyse der Großen Transformation zu einer nachhaltigen Entwicklung weiterführend. Sie konzeptualisiert darin die Multidimensionalität der Zeiten:

(1) Zeitdauer / Periode
(2) Prozesse / Wandel
(3) Geschwindigkeit
(4) Vergangenheit – Gegenwart – Zukunft
(5) Timing.

Wörtlich übersetzt bedeutet *timescape* im Deutschen *Zeitschaft*. Da dies jedoch nicht eingängig ist, haben wir im Tutzinger Projekt Ökologie der Zeit gemeinsam mit Barbara Adam das Konzept mit *Zeitlandschaft* übersetzt (Adam 1999; Hofmeister und Spitzner 1999). Mit *timescapes* bzw. Zeitlandschaften können eine Vielzahl von Prozessen, zeitpolitisch relevanten Themen der Umwelt- und Naturschutzpolitik sowie spezifisch der Nachhaltigkeitstransformation analysiert werden: Zusammenspiel unterschiedlicher Zeitskalen und Vielfalt von Rhythmen, Latenzzeiten, Prozesse der Entwicklung von Raum- und Siedlungsstrukturen, Landschaftsformen und vieles mehr.

Haber (2013) führt beispielsweise die Unterscheidung von Taglandschaften und Nachtlandschaften ein. Die Naturschutzgesetzgebung wurde temporal vorrangig für die Hälfte des 24-Stunden Tages umgesetzt, den lichten Tag. Die dunkle Nacht wird dagegen nur ad-hoc für Einzelfälle beachtet (Held et al. 2013). Mit der temporalen Betrachtung kommt die andere Hälfte des Naturschutzes systematisch in den Blick.

4. Transformation – Zeitform Übergang – Große Transformation

Der Beitrag von Jürgen P. Rinderspacher zu Zeitlichkeiten einer Politik nachhaltiger Entwicklung ist Teil eines Versuchs, die Entwicklung im Sinn von Transformationen einzuordnen, zu verstehen und zu analysieren. Transformation ist temporal als Zeitform Übergang zu kennzeichnen (Held 2004; Hatzelmann und Held 2010, S. 113-117). Im Unterschied zu anderen Zeitformen wie etwa Anfang und Ende ist die Zeitform Übergang dadurch geprägt, dass sie sowohl temporal als auch räumlich zu verstehen ist. Bergpässe sind ein Beispiel für räumliche Übergänge.

„Übergänge können von sehr kleinen bis zu sehr großen Raum- und Zeitskalen reichen." (Held 2019, im Druck). Große Transformation ist ein Konzept, das auf das Werk von Karl Polanyi (1978 [1944]) zurückgeht. Darin untersucht er den menschheitsgeschichtlichen großen Übergang von einer traditionellen Gesellschaft hin zur Herausbildung einer Marktgesellschaft (Held 2016). Große Transformation zur Nachhaltigkeit wird als Konzept mit groß geschriebenem G bezeichnet, um diese heute beginnende Transformation menschheitsgeschichtlich vergleichbar der Tragweite der Neolithischen und der Industriellen Revolution zu verstehen (Haber 2007; Sieferle 2010; WBGU 2011).

„Das Verständnis der Großen Transformation zur Nachhaltigkeit als Zeitform Übergang ist heuristisch weiterführend: Übergänge kennzeichnen temporal Veränderungen von einem vorher zu einem nachher. Damit wird ausdrücklich gemacht, dass die Analyse der Transformation drei grundlegende, zusammenhänge Teile hat: *davor – Übergang – danach.*" (Held 2019, Hervorhebung i.O.).

5. *Große Transformation zu einer nachhaltigen Entwicklung*

Damit bin ich beim inhaltlichen Kern meines Beitrags angekommen. Das Verständnis von Transformation als Übergang macht deutlich, dass es um einen Prozess geht: um den Übergang von einer nichtnachhaltigen Entwicklung in Richtung einer dauerhaft möglichen, nachhaltigen Entwicklung. Vielfach wird die genuine Nichtnachhaltigkeit der derzeit vorherrschenden Wirtschaftsweise und Lebensstile samt der weltweit noch immer starken Attraktivität dieses vorherrschenden Modells übersprungen.

Damit wird der Ausgangspunkt des Konzepts „Große Transformation zur Nachhaltigkeit" pointiert: *die fossil geprägte Nichtnachhaltigkeit.* Eine temporale Betrachtung verweist darauf, dass in diesem *davor* – den Entwicklungen vor dem Übergang, der beginnenden Großen Transformation – nicht einfach alles gleichartig nichtnachhaltig ist. Die unterschiedlichen Grade und Ausprägungen der Nichtnachhaltigkeit in einzelnen Ländern, Regionen, Städten, gesellschaftlichen Schichten, Wirtschaftssektoren lassen sich für die transformativen Prozesse nutzbar machen. Es gibt bei aller grundsätzlichen fossilen Prägung eine Vielfalt bezogen auf Grade der Nichtnachhaltigkeit und Elementen, die in Richtung einer nachhaltigen Entwicklung weisen (vgl. dem Konzept *varieties of capitalism*; Hall und Soskice 2001).

Grundlegend ist die Einsicht, die in die „2030 Agenda für nachhaltige Entwicklung" der Vereinten Nationen Eingang gefunden hat (UN 2015): Dieses Dokument geht vom Verständnis der Notwendigkeit einer Großen Transformation zu einer nachhaltigen Entwicklung aus. Das übergeordnete Frame ist titelgebend: *Transforming our World.* Dies wird bisher in der Nachhaltigkeitsdebatte kaum wahrgenommen, da die Aufmerksamkeit (fast) ausschließlich auf die 18 *Sustainable Development Goals* (SDGs) gerichtet ist.

In diesem von allen UN-Mitgliedsstaaten verabschiedeten Dokument wird die Einsicht formuliert: *Alle* Länder sind in der Großen Transformation weg von der Nichtnachhaltigkeit hin zu einer nachhaltigen Entwicklung Transformationsländer. Sie haben dabei je unterschiedliche Bedingungen. Der nächste Erkenntnisschritt wird in diesem Dokument noch nicht vollzogen: In dieser Großen Transformation zu einer nachhaltigen Entwicklung beginnt sich der Begriff „entwickelt" bzw. das Konzept Entwicklung selbst zu ändern. Nicht länger ist das Land, die Region, die Gesellschaftsschicht am weitesten entwickelt, die den höchsten Grad der Nichtnachhaltigkeit ausweist. Bezogen auf die sozial-ökologische Transformation, eine etwas andere Fokussierung der Großen Transformation zur Nachhaltigkeit (Brand 2017; Bauriedl et al. 2017), bedeutet das: Diese Länder schneiden bezogen auf Nachhaltigkeit besonders schlecht ab.

Damit kann die Große Transformation zur Nachhaltigkeit vereinfacht stilisiert werden: Es geht um die historisch singuläre Übergangsphase von der fossil geprägten, nichtnachhaltigen Entwicklung in Richtung einer postfossilen, nachhaltigen Entwicklung (siehe Grundschema Abb. 1).

Im Modell des WBGU zu Transformationsprozessen in Städten und Agglomerationen wird der Faktor Zeit als ein Element aufgenommen: „Der Faktor Zeit berücksichtigt, dass evolutionärer Wandel, Beschleunigung, Regressionen nach Zäsuren sowie die Ungleichzeitigkeit z.B. von Natur- und Kulturgeschichte starken Einfluss auf Stadtmuster besitzen." (WBGU 2016, S. 5).

In der temporalen Perspektive ergibt sich eine darauf aufbauende kategoriale Unterscheidung (vgl. Abb. 1):

(1) Phasing-out Prozesse im Sinn einer aktiven Zurückführung der Nichtnachhaltigkeit, etwa einer gezielten raschen Reduktion der Nutzung klimaschädlicher Kohle und dem Abbau der Abhängigkeit des Verkehrs vom fossilen Erdöl;

(2) Phasing-in Prozesse der aktiven und raschen Einführung und Verbreitung von Lebensstilen, Wirtschaftspraktiken, Institutionen etc. in Richtung einer nachhaltigeren Entwicklung; ein Beispiel ist etwa das Erneuerbare-Energien-Gesetz.

Abb. 1: Große Transformation zur Nachhaltigkeit – erweitertes Grundschema mit Phasing-in und Phasing-out

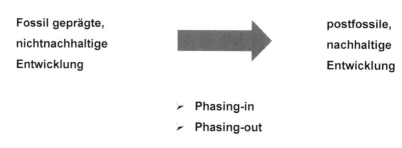

Große Transformation zur Nachhaltigkeit

(historisch singuläre Übergangsphase)

Fossil geprägte, nichtnachhaltige Entwicklung

postfossile, nachhaltige Entwicklung

➢ **Phasing-in**

➢ **Phasing-out**

Quelle: Held (2019), abgewandelt nach Schindler et al. (2009, S. 137)

Bei Rinderspacher findet sich ein kurzer Hinweis, der in die Richtung dieser Differenzierung zielt: Ausstieg aus der alten und Einstieg in eine nachhaltige Energieversorgung. Er führt dies jedoch nicht weiter aus.

Die Unterscheidung Phasing-in und Phasing-out ist heuristisch vorteilhaft, denn die bisherigen Akteure, Interessen, Strukturen verschwinden nicht gleichsam wie „von selbst". Vielmehr ist das Gegenstück zum aktiven Phasing-in des Neuen der aktive Abbau des Alten: „Die Phasing-in und Phasing-out Prozesse verlaufen gleichzeitig. Sie sind vielfach gebrochen, überraschend, eigensinnig mit ganz eigenen Dynamiken. Neue Akteure kommen ins Spiel, alte Akteure leisten Widerstand oder versuchen sich ihrerseits zu transformieren. Neue Koalitionen und wechselnde Akteurskonstellationen sind an der Tagesordnung." (Bauriedl et al. 2017, S. 6)

Aufbauend auf dieser ersten Unterscheidung wird in Abbildung 2 ein ausdifferenziertes Schema der Großen Transformation zur Nachhaltigkeit vorgestellt.

Abb. 2: Große Transformation zur Nachhaltigkeit – ausdifferenziertes Schema

Große Transformation zur Nachhaltigkeit

(historisch singuläre Übergangsphase)

Fossil geprägte,		postfossile,
nichtnachhaltige		nachhaltige
Entwicklung		Entwicklung

> ➢ BAU – Business as usual nichtnachhaltige Entwicklung
> ➢ Nachholende Entwicklung Nichtnachhaltigkeit
> ➢ Aktive Verlängerung fossiles Endspiel
> ➢ Phasing-out
> ➢ Pfadabhängigkeiten
> ➢ Phasing-in
> ➢ Digitale Transformation

Quelle: Held (2019)

Diese Abbildung enthält weitere zeitspezifische Unterscheidungen:

- Business as usual ist nicht mit den ersten transformationsspezifischen Aktivitäten überholt. Vielmehr wirken die bisher gesellschaftlich und wirtschaftlich dominanten Faktoren weiterhin in Richtung einer nichtnachhaltigen Entwicklung.
- Länder, die nach dem bisherigen Konzept von „Fortschritt" noch nicht weit entwickelt sind (etwa Länder aus der so bezeichneten Gruppe der *least developed countries* aber auch sogenannte Schwellenländer), sind weiterhin vorrangig auf dem Pfad einer nachholenden Entwicklung der Nichtnachhaltigkeit.
- Die bisher dominanten Akteure, die starke Treiber wie vielfach auch Profiteure des fossilen Pfades der Nichtnachhaltigkeit sind, versuchen zum Teil, das fossile Endspiel, wie wir das nennen, aktiv zu verlängern. Aktivitäten in Richtung aktive Unterstützung von Klimaskeptikern, Einfluss auf Gesetzesinitiativen die etwa das Fracking durch Abbau von Haftungsrisiken begünstigten, sind dafür Beispiele.
- Die Bedeutung des aktiven Phasing-out von Institutionen, die die fossile Nichtnachhaltigkeit stützen, von fossilen Energien, von verschwenderischen Lebensstilen etc. wurde bereits angesprochen.

- Von besonderer Bedeutung sind temporale Pfadabhängigkeiten. Dies betrifft insbesondere auch die mentalen Pfadabhängigkeiten, die die Vorstellungskraft bezüglich Umsetzbarkeit ernsthaft transformativer Reformschritte vielfach bremsen. Zugleich gibt es aus der fossil (und kurzzeitig nuklear) geprägten Zeit viele Erbschaften mit erheblichen Nachwirkungen: nicht nur die sichtbaren Bergbaufolgelandschaften, sondern auch Ewigkeitslasten des Kohleabbaus im Ruhrgebiet, die Jahrtausende wirkenden Folgelasten der Atomenergienutzung, die Zersiedelung und ineffizienten Raumstrukturen und vieles mehr.
- Auf das Phasing-in von Initiativen und Innovationen in Richtung einer nachhaltigen Entwicklung war lange Zeit vorrangig das Augenmerk der Transformationsforschung ausgerichtet.
- Die digitale Transformation entwickelt sich gleichzeitig und in Wechselwirkung mit den Anfängen der Nachhaltigkeitstransformation.

Das Konzept „Große Transformation zur Nachhaltigkeit" ist ein Framing, das helfen soll, die Tragweite der anstehenden und sich vollziehenden Umbrüche der Folgen der systemischen Nichtnachhaltigkeit auf den Punkt zu bringen.

6. Perspektiven

In meinem Beitrag habe ich, entsprechend der inhaltlichen Ausrichtung des Beitrags von Jürgen P. Rinderspacher, die Große Transformation zur Nachhaltigkeit vorrangig aus einer temporalen Perspektive betrachtet. Dazu gehört eine eingehendere Analyse der noch immer vorherrschenden Nichtnachhaltigkeit und sich abzeichnender Strukturbrüche. Dabei sind die Kategorien Macht, Interessen, Akteure, Konflikte ebenso grundlegend wie normative Fragen von Fairness und Gerechtigkeit unerlässlich (vgl. WBGU 2018 zu Zeit-gerechter Klimapolitik: Vier Initiativen für Fairness).

Vertiefend sind einzelne, für sich je gewichtige Bausteine dieser Großen Transformation näher zu analysieren:

- die Energiewende, die realgeschichtlich am frühesten einsetzte und inzwischen weltweit als *energy transition* Thema der Politik, gesellschaftlicher Debatten und Auseinandersetzungen sowie der Forschung wurde;
- die Mobilitätswende, die zeitlich versetzt in diesen Jahren aufgrund des rasch zunehmenden Problemdrucks in ihren ersten Anfängen ist; im deutschen Sprachraum beginnt das Konzept der Verkehrswende bzw. der Mobilitätswende langsam Fuß zu fassen; international ist *transport*

transformation bzw. *mobility transformation* noch nicht vergleichbar dem Baustein *energy transition* etabliert (Schindler et al., in Arbeit).

- die Landwirtschafts- und Ernährungswende, die aufgrund zunehmenden Problemdrucks (etwa der vorherrschenden Form der Landwirtschaft als einer der Verursacher des Biodiversitätsverlusts) Fahrt aufnimmt.

Ausgehend von der Unterscheidung Phasing-out und Phasing-in lässt sich temporal betrachtet ein vergleichbar weitreichendes Politikfeld ableiten: Das aktive Phasing-out des fossilen Trios (Kohle, dann Erdöl, dann Erdgas) bedeutet zugleich eine zunehmende Elektrifizierung. Dies bringt das aktive Phasing-in von Metallen als Herausforderung mit sich. Vereinfacht: Postfossil ist möglich und dringlich. Postmetallisch ist nicht möglich. Metalle werden noch wichtiger als bisher (Basismetalle wie etwa Kupfer ebenso wie Technologiemetalle aller Art; nicht nur einige Seltenerdmetalle oder Platin, Lithium und Kobalt) (Exner et al. 2016; Held et al. 2018). Metalle sind in menschlichen Zeitskalen betrachtet nicht erneuerbar. Es ergibt sich die gewaltige Herausforderung, gesellschaftlich, wirtschaftlich und politisch im Lauf der kommenden Jahre und Jahrzehnte von der Verschwendungswirtschaft zu einem nachhaltigeren Umgang mit Metallen zu kommen.

Literatur

Adam, Barbara. 1998. *Timescapes of Modernity. The Environment & Invisible Hazards.* London: Routledge.

Adam, Barbara. 1999. „Naturzeiten, Kulturzeiten und Gender – Zum Konzept ‚Timescape‘". In Hofmeister, Sabine, und Meike Spitzner (Hrsg.). *Zeitlandschaften. Perspektiven öko-sozialer Zeitpolitik.* Stuttgart: Hirzel, 35–57.

Bauriedl, Sybille; Held, Martin, und Cordula Kropp. 2017. „Große Transformation zur Nachhaltigkeit – Grundlagen zum konzeptionellen Verständnis". *Arbeitspapier des ARL Arbeitskreis Nachhaltige Raumentwicklung für die große Transformation.* Hannover: ARL.

Brand, Karl-Werner (Hrsg.). 2017. *Die sozial-ökologische Transformation der Welt. Ein Handbuch.* Frankfurt: Campus.

Exner, Andreas; Held, Martin, und Klaus Kümmerer (Hrsg.). 2016. *Kritische Metalle in der Großen Transformation.* Berlin: Springer Spektrum.

Geißler, Karlheinz, und Martin Held. 1995. „Grundbegriffe zur Ökologie der Zeit. Vom Finden der rechten Zeitmaße". In Held, Martin, und Karlheinz Geißler (Hrsg.). *Von Rhythmen und Eigenzeiten. Perspektiven einer Ökologie der Zeit.* Stuttgart: Hirzel, 193–208.

Haber, Wolfgang. 2007. „Energy, food, and land – The ecological traps of humankind". *Environmental Science and Pollution Research* 14 (6): 359–365.

Haber, Wolfgang. 2013. „Taglandschaften und Nachtlandschaften". In Held, Martin; Hölker, Franz, und Beate Jessel (Hrsg.). *Schutz der Nacht – Lichtverschmutzung, Biodiversität und Nachtlandschaft.* BfN-Skripten 336. Bonn: Bundesamt für Naturschutz, 19–22.

Hall, Peter, und David Soskice (Hrsg.). 2001. *Varieties of Capitalism. The Institutional Foundations of Comparative Advantage.* Oxford: Oxford University Press.

Hatzelmann, Elmar, und Martin Held. 2010. *Vom Zeitmanagement zur Zeitkompetenz.* Weinheim: Beltz.

Heitkötter, Martina, und Manuel Schneider (Hrsg.). 2008. *Zeitpolitisches Glossar. Grundbegriffe – Felder – Instrumente – Strategien.* Tutzinger Materialien 90/80. Tutzing: Evangelische Akademie Tutzing.

Held, Martin. 2004. „Zeit nehmen für Zeitformen". In Thedorff, Andreas (Hrsg.). *Schon so spät? Zeit. Lehren. Lernen.* Stuttgart: Hirzel, 330-343.

Held, Martin. 2016. „Große Transformation – von der fossil geprägten Nichtnachhaltigkeit zur postfossilen nachhaltigen Entwicklung". In Held, Martin; Kubon-Gilke, Gisela, und Richard Sturn (Hrsg.). *Politische Ökonomik großer Transformationen.* Marburg: metropolis, 323-352.

Held, Martin. 2019 (im Druck). „Räumliche Transformation – eine Einführung in die Große Transformation zur Nachhaltigkeit". In Abbasiharofteh, Milad et al. (Hrsg.). *Räumliche Transformation: Prozesse, Konzepte und Forschungsdesigns.* ARL Forschungsberichte. Hannover: ARL.

Held, Martin, und Karlheinz Geißler (Hrsg.). 1995. *Von Rhythmen und Eigenzeiten. Perspektiven einer Ökologie der Zeit.* Stuttgart: Hirzel.

Held, Martin; Hölker, Franz, und Beate Jessel (Hrsg.). 2013. *Schutz der Nacht – Lichtverschmutzung, Biodiversität und Nachtlandschaft.* BfN-Skripten 336. Bonn: Bundesamt für Naturschutz.

Held, Martin; Jenny, Reto, und Maximilian Hempel (Hrsg.). 2018. *Metalle auf der Bühne der Menschheit. Von Ötzis Kupferbeil zum Smartphone im All Metals Age.* München: oekom.

Hofmeister, Sabine, und Meike Spitzner (Hrsg.). 1999. *Zeitlandschaften. Perspektiven öko-sozialer Zeitpolitik.* Stuttgart: Hirzel.

Polanyi, Karl. 1978 [1944]. *The Great Transformation. Politische und ökonomische Ursprünge von Gesellschaften und Wirtschaftssystemen.* Frankfurt am Main: Suhrkamp.

Schindler, Jörg; Held, Martin, und Gerd Würdemann. 2009. *Postfossile Mobilität. Wegweiser für die Zeit nach dem Peak Oil.* Bad Homburg: VAS.

Schindler, Jörg; Held, Martin, und Gerd Würdemann. (In Arbeit). *Mobility Transformation –The Human Approach. Rethinking the way ahead.*

Sieferle, Rolf. 2010. *Lehren aus der Vergangenheit für die Transformation zu einer klimafreundlichen Gesellschaft. Expertise für das WBGU-Gutachten „Welt im Wandel: Gesellschaftsvertrag für eine Große Transformation".* Berlin: WBGU.

Tversky, Amos, und Daniel Kahneman. 1981. „The framing of decisions and the psychology of choice". *Science* 211 (4481): 453–458.

UN – United Nations. 2016. *Transforming our World: The 2030 Agenda for Sustainable Development.* New York: UN.

WBGU – Wissenschaftlicher Beirat der Bundesregierung Globale Umweltveränderungen. 2011. *Welt im Wandel. Gesellschaftsvertrag für eine Große Transformation. Hauptgutachten.* Berlin: WBGU.

WBGU – Wissenschaftlicher Beirat der Bundesregierung Globale Umweltveränderungen. 2016. *Der Umzug der Menschheit: Die transformative Kraft der Städte. Hauptgutachten.* Berlin: WBGU.

WBGU – Wissenschaftlicher Beirat der Bundesregierung Globale Umweltveränderungen. 2018. Zeit-gerechte *Klimapolitik: Vier Initiativen für Fairness. Politikpapier.* Berlin: WBGU.

Wehling, Elisabeth. 2016. *Politisches Framing. Wie eine Nation sich ihr Denken einredet – und daraus Politik macht.* Köln: Ullstein.

Kurzbiografien der Autor*innen

Carolin Bohn, Politikwissenschaftlerin, ist wissenschaftliche Mitarbeiterin am Zentrum für Interdisziplinäre Nachhaltigkeitsforschung der Westfälischen Wilhelms-Universität Münster. In ihrer Arbeit beschäftigt sie sich mit den Potenzialen politischer Urteilsbildung für nachhaltigkeitsorientierte Partizipation, der Rolle von Bürger*innen bei der Umsetzung von Nachhaltigkeit sowie mit der Frage des Verhältnisses von Nachhaltigkeit und Demokratie.

Prof. Ingolfur Blühdorn, Gesellschaftstheoretiker und politischer Soziologe, ist Professor für soziale Nachhaltigkeit und Leiter des INSTITUTS FÜR GESELLSCHAFTSWANDEL UND NACHHALTIGKEIT (IGN) an der Wirtschaftsuniversität Wien. Seine Forschungsschwerpunkte liegen in der Theorie moderner Gesellschaften, der Umweltsoziologie, der Demokratietheorie und emanzipatorischen sozialen Bewegungen seit den 1970er Jahren.

Hauke Dannemann ist als Umwelt- und Nachhaltigkeitswissenschaftler wissenschaftlicher Mitarbeiter am INSTITUT FÜR GESELLSCHAFTSWANDEL UND NACHHALTIGKEIT (IGN) der Wirtschaftsuniversität Wien. Die Schwerpunkte seiner soziologischen Forschung sind Nachhaltigkeit, Herrschaftsverhältnisse und Degrowth, insbesondere gesellschaftliche Bedingungen einer sozial-ökologischen Transformation im Kontext der Konjunktur des Rechtspopulismus.

Bernd Draser lehrt seit 2004 Kulturwissenschaften und Nachhaltigkeit & Design an der ecosign / Akademie für Gestaltung in Köln und hat Lehraufträge für Nachhaltigkeit und Design an der Hochschule Bochum (seit 2009) und der HAWK Hildesheim (seit 2016). Seit 2009 ist er Co-Organisator der Sustainable Summer School. Er hält Vorträge und publiziert zur Kulturgeschichte der Nachhaltigkeit und zu Nachhaltigem Design (u.a.: Hrsg. „Geschichte des Nachhaltigen Designs", 2014). Weitere Schwerpunkte seiner Lehre sind klassische Texte der Philosophie, kulturwissenschaftliche, filmästhetische und literaturgeschichtliche Themen. An der ecosign ist er verantwortlich für Qualitätssicherung und Akkreditierung.

Dr'in Antonietta Di Giulio, Philosophin, ist Senior Researcher am Programm Mensch-Gesellschaft-Umwelt (MGU) der Universität Basel, Departement Umweltwissenschaften, und Leiterin der interdisziplinären und interuniversitären Forschungsgruppe Inter-/Transdisziplinarität. Ihre Forschungsschwerpunkte sind zum einen Themen rund um Nachhaltigkeit, insbesondere nachhaltiger Konsum, der Zusammenhang von Lebensqualität und Nachhaltigkeit sowie Bildung und Nachhaltige Entwicklung, zum anderen sind es Fragen rund um die Gestaltung inter- und transdisziplinärer Prozesse in Forschung und Lehre.

Prof'in Doris Fuchs, Politikwissenschaftlerin und Ökonomin, ist Professorin für Internationale Beziehungen und Nachhaltige Entwicklung und Sprecherin des Zentrums für Interdisziplinäre Nachhaltigkeitsforschung der Westfälischen Wilhelms-Universität Münster. Ihre Forschungsschwerpunkte sind nachhaltige Entwicklung, speziell nachhaltiger Konsum, und Macht bzw. politischer Einfluss nicht-staatlicher, insbesondere wirtschaftlicher, Akteure. Neben zahlreichen Veröffentlichungen in der Form von Büchern, Beiträgen zu Sammelbänden und Aufsätzen in wissenschaftlichen Zeitschriften trägt sie auch regelmäßig zu dem von ihr gegründeten Blog Nach(haltig)gedacht (nach-haltig-gedacht.de) bei.

Dr. Christian J. Müller ist Politikwissenschaftler und Caritastheologe. Nach dem Studium in Passau und Freiburg war er als Referent für politische und gesellschaftliche Fragen der Migration im Sekretariat der Deutschen Bischofskonferenz tätig. Seit 2015 leitet er den Fachbereich Politik, Gesellschaft, Internationales in der katholisch-sozialen Akademie Franz Hitze Haus in Münster. Dort arbeitet er unter anderem zu Fragen ökologischer und sozialer Nachhaltigkeit, oft auch im internationalen Kontext, die im Programm der Akademie eine zunehmend größere Rolle spielen.

Antonius Kerkhoff studierte Pädagogik und katholische Theologie an der WWU Münster. Seit 1985 Tätigkeit in der Erwachsenenbildung im Erzbistum Köln und als Leiter von Bildungseinrichtungen im Bergischen Städtedreieck bis 2009. Bis 2016 Geschäftsführer und Vorstand der Arbeitsgemeinschaft für Sozialpädagogik und Gesellschaftsbildung e.V. in Düsseldorf, seit November 2016 Direktor der katholisch-sozialen Akademie Franz Hitze Haus in Münster.

Prof'in Marianne Heimbach-Steins, Sozialethikerin/katholische Theologin, ist Direktorin des Instituts für Christliche Sozialwissenschaften und Professorin für Christliche Sozialwissenschaften und Sozialethische Genderforschung und Gründungsmitglied des Zentrums für Interdisziplinäre Nachhaltigkeitsforschung der Westfälischen Wilhelms-Universität Münster (bis April 2019 war sie Vorstandsmitglied). Ihre Forschungsschwerpunkte sind Grundlagen einer kontextuellen christlichen Sozialethik, Politische Ethik, insbesondere Menschenrechtsethik, Ethik der internationalen Migration sowie sozialethische Frauen- und Geschlechterforschung. In ihrer jüngsten Monografie „Grenzverläufe gesellschaftlicher Gerechtigkeit. Migration – Zugehörigkeit – Beteiligung" (2016) entwirft sie Koordinaten einer Ethik der globalen Migration. Gemeinsam mit der Juristin Sabine Schlacke verantwortet sie den aus Diskussionen im ZIN hervorgegangenen Band „Die Enzyklika Laudato Si' – ein interdisziplinärer Nachhaltigkeitsansatz? (2019). Sie ist Herausgeberin des Jahrbuchs für Christliche Sozialwissenschaften (www.jcsw.de).

Dr. Martin Held, Ökonom und Sozialwissenschaftler, Tutzing, ist Koordinator des Gesprächskreises „Die Transformateure – Akteure der Großen Transformation" und Freier Mitarbeiter der Evangelischen Akademie Tutzing. Forschungsschwerpunkte sind Mobilitätswende, nachhaltiger Umgang mit Metallen im All Metals Age und übergeordnet Große Transformation von der fossilen Nichtnachhaltigkeit in Richtung einer postfossilen nachhaltigen Entwicklung.

Prof'in Christa Liedtke ist seit 2003 Leiterin der Abteilung Nachhaltiges Produzieren und Konsumieren am Wuppertal Institut für Klima, Umwelt, Energie. Sie ist seit Mai 2016 Professorin für Nachhaltigkeitsforschung im Design an der Folkwang Universität der Künste in Essen. Seit 2013 ist sie Vorsitzende der Ressourcenkommission des Umweltbundesamtes. Ihre Arbeitsschwerpunkte sind: Ressourceneffiziente Produkt-Dienstleistungs-Systeme und nachhaltige Unternehmen; Politiken für Nachhaltiges Produzieren und Konsumieren; Handlungsmuster in Produktion und Konsum; Ökoinnovationen und nachhaltiges Design.

Prof. Samuel Mössner ist Professor am Institut für Geographie der Westfälischen Wilhelms-Universität und leitet dort die die Arbeitsgruppe Raumplanung und Nachhaltigkeit. Er forscht zu Themen der städtischen Nachhaltigkeit, der gesellschaftlichen Aushandlung von Transitionen sowie der Verankerung von (Post-)Wachstumspfaden in regionalen Kontexten. Im Kern seiner Arbeiten stehen Fragen der sozialen Gerechtigkeit und der Ausgrenzung und Verdrängung von gesellschaftlichen Gruppierungen sowie des Post-Politischen und zu Post-Demokratie. Zuletzt veröffentlichte er das Buch „Adventures in Sustainable Urbanism" (SUNY Press, im Erscheinen).

Dr. rer. pol. Jürgen P. Rinderspacher, Politikwissenschaftler und Zeitforscher, ist Dozent und Projektleiter am Institut für Ethik und angrenzende Gesellschaftswissenschaften (IfES) der Westfälischen-Wilhelms-Universität Münster sowie Mitbegründer und Vorstandsmitglied der Deutschen Gesellschaft für Zeitpolitik (DGfZP). Zahlreiche Buchpublikationen/ Herausgeberschaften und Aufsätze zur sozialwissenschaftlichen Zeitforschung. Neueste Buchpublikation: Mehr Zeitwohlstand! Für den besseren Umgang mit einem knappen Gut. Freiburg: Herder 2017.

Dr. Georg Stoll ist promovierter Theologe und Religionswissenschaftler und arbeitet als Referent für Politik und Globale Zukunftsfragen im Entwicklungshilfswerk der katholischen Kirche in Deutschland, Misereor. Seine thematischen Schwerpunkte sind Nachhaltigkeitsfragen, zivilgesellschaftliche Beteiligung und systemische Fragen in sozial-ökologischen Transformationsprozessen. Er bearbeitet diese Themen in Dialogen, Arbeitsgruppen, Publikationen und Veranstaltungen.